浪花朵朵

未来建筑家

你好，城市

[法] 迪迪埃·科尔尼耶 著

陈潇 译

上海人民美术出版社

1 城市是非凡的！

7 绿色城市是什么样？
　　马赛公寓，公园里的垂直"城市"
　　柏林，走在绿色道路前沿
　　米兰，两幢高楼把森林带回城市

19 在城市里如何种菜？
　　铁路农场，来此参观便是学习
　　生态盒子，拼出一片临时菜园
　　底特律，社区菜园拯救破产城市

29 充分利用资源的城市是什么样？
　　贝丁顿，生态社区典范

35 在城市里如何出行？
　　库里提巴，快速公交系统的发源地
　　麦德林，用高空缆车拉近人们的距离
　　哥本哈根，自行车上的城市

45 智慧城市是什么样？
　　新加坡，"智慧"程度一马当先
　　无人驾驶车舱，明日之车

51 在城市里如何工作？

工人之家，让工作与生活交融
创新中心F站，脱胎于货运站的创业孵化园
阿约卡妈妈餐厅，小餐厅带来大温暖
下川町，一切都与森林相关

61 城市可以由人们自己塑造吗？

里约热内卢，贫民窟也能五彩缤纷
莱恩斯堡，城市的面貌在讨论中成型

67 城市可以更有个性吗？

"奥斯曼的巴黎"，严苛带来的美丽
蓬皮杜中心，新时代的映射
古根海姆博物馆，让城市重新繁盛
水镜广场，以"新"照"旧"
透明三角塔，即将崛起的新地标
伊夫里移民接待中心，让疲惫的身心休憩片刻

77 城市是人们欢聚的地方！

儿童游戏广场，让笑声填满空地
高线公园，来一次长长的空中散步
LX工厂，适合狂欢的废弃之地

跟随 迪迪埃·科尔尼耶， 踏上探索城市的 旅程吧！

城市是非凡的！

城市是非凡的！处处五光十色，充满活力，不断吸引人们前来。但城市随着日益繁华，也变得越发拥挤，不少问题亟待解决：交通堵塞、环境污染、绿地与户外活动空间稀缺……

如今，世界上有一半人口居住在城市里。2050年，这一比例将上升到五分之四。我们该如何面对已经存在的问题？如何在一个不多加小心就会酿成恶果的环境中，创造更美好的生活？

许多地方已为此做出大胆的尝试，种种出现在城市里的新东西给予了人们惊喜与希望。我们为什么不从中吸取经验，为未来的城市提供更多灵感呢？

读完这本书，你可以在脑海中勾勒出一座希望自己能生活在其中的理想城市。也许有一天，那座城市将会因你而出现。

20世纪70年代起，随着世界人口暴涨、以城市为基点的工作增加，越来越多的人向城市涌去。

城市变得庞大而臃肿，大型车道交织其中，运货卡车、旅游巴士、小轿车穿梭不绝。

很快，田野被蚕食，大自然遭到威胁，各类环境污染问题爆发……

为了在有限的土地上扩大居住和工作空间，城市里修建起一幢幢仰头望去甚至让人晕眩的摩天大楼。

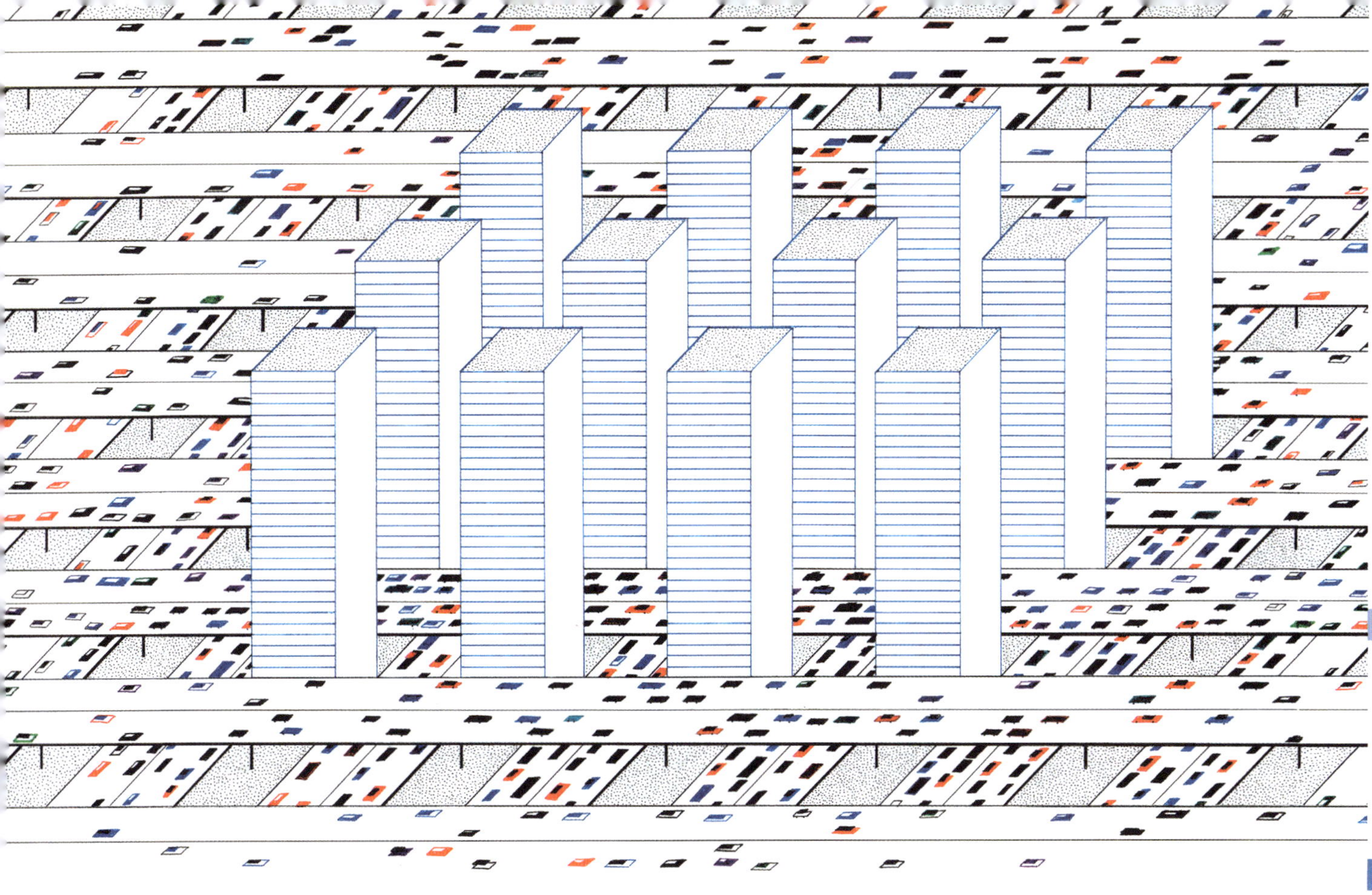

在有些城市中，还出现了拥挤不堪的贫民窟。

人们为了生存竭尽全力，大多时候只能靠互帮互助来渡过难关。

城市是否能做点儿什么，让他们真正脱离困境？

城市的边缘渐渐形成郊区，经济实惠的大型公寓如雨后春笋一般建造起来，虽然远离工作和娱乐的中心地带，但人们只得在便宜与便利间做出取舍。

如果郊区也有充足的公共服务设施、消费场所和便捷交通，城市各处的人们也许都能生活得更加愉快。

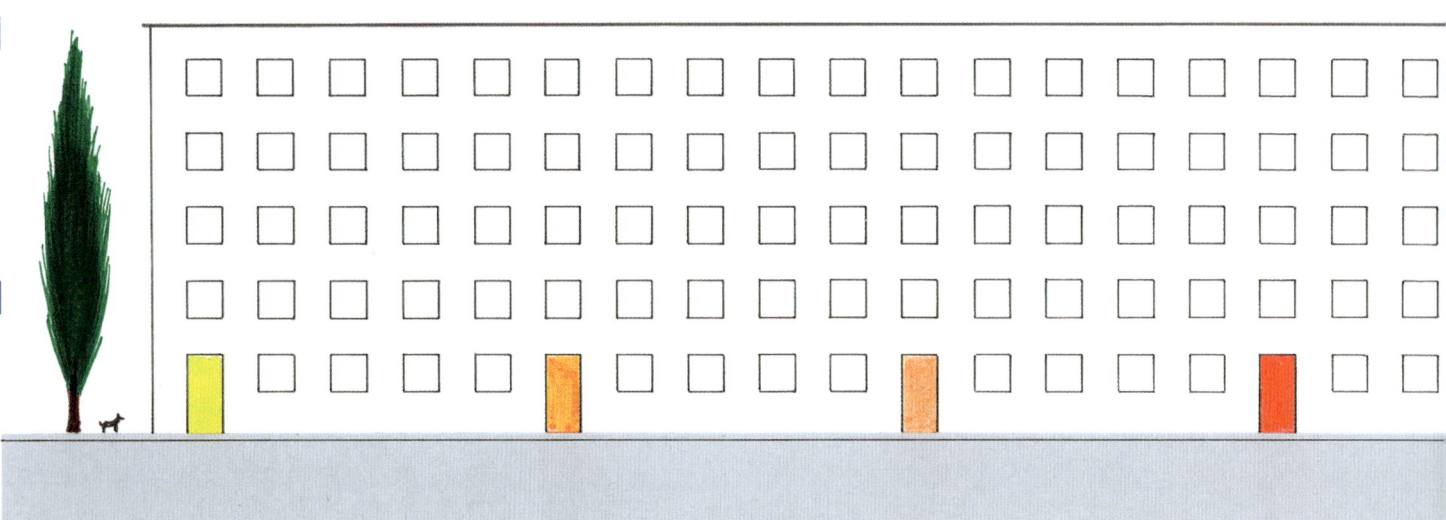

在有些城市的郊区，建有一排排整齐划一、自带可爱花园的别墅，居民们通常驾车往返于家与市中心。

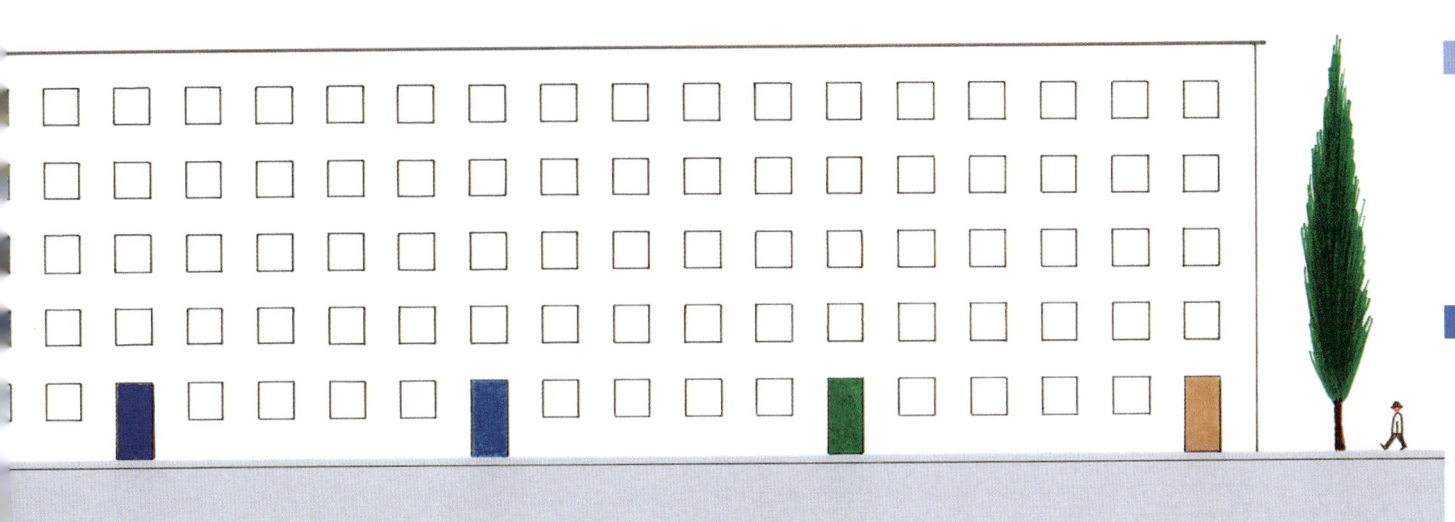

绿色城市是什么样?

暖气与空调的使用,汽车尾气与工厂废气的排放……
城市中的许多行为都在加重环境污染,加剧气温升高。
如何让人们重新呼吸到新鲜的空气?
不如让大自然走进城市吧!

马赛公寓，
公园里的垂直"城市"

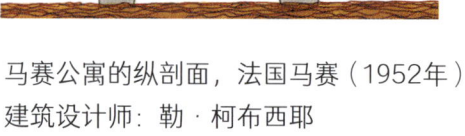

马赛公寓的纵剖面，法国马赛（1952年）
建筑设计师：勒·柯布西耶

20世纪30年代，建筑设计师勒·柯布西耶提出了一个在世界范围内影响深远的现代城市概念——光明城市。其中目标包括：将个人住房集中在大型集体建筑中，让一幢公寓成为一个"小城市"；保留建筑内的绿色空间；实现机动车与行人分流……

践行这一理念的代表性建筑——马赛公寓，于1952年竣工，是二战后法国为解决建筑损毁、大量战后人口涌入等问题而开展的建设项目之一。这是一幢气势恢宏的混凝土建筑，桩基打在马赛一座美丽公园的正中央。内部包含300余套住房（大部分为复式结构），它们巧妙地层层堆叠，通过公共走道环环相扣。

这幢建筑的楼顶是带有阳光房的露天平台，四周环绕着跑道，观景视野绝佳。楼内顶层为学校，中层设有面包店、商店等，甚至还开有一家旅馆。健身房、泳池、儿童游乐场、剧场……居民所需，一应俱全。

在此之后，柯布西耶继续在法国其他城市践行他的城市概念，甚至走出欧洲，来到了印度。

适合户外活动的昌迪加尔

正在享受户外时光的人们，印度昌迪加尔（1958年）

1947年，印度取得独立。政府请来柯布西耶和他的团队，为新设立的一座首府昌迪加尔做城市规划。

柯布西耶注意到，这里的人们更喜欢待在户外——露台、门廊、花园，是最能让他们感到惬意的地方。于是他将原有设计"放倒"，别出心裁地打造了一片水平排布的低矮建筑群。

柏林，
走在绿色道路前沿

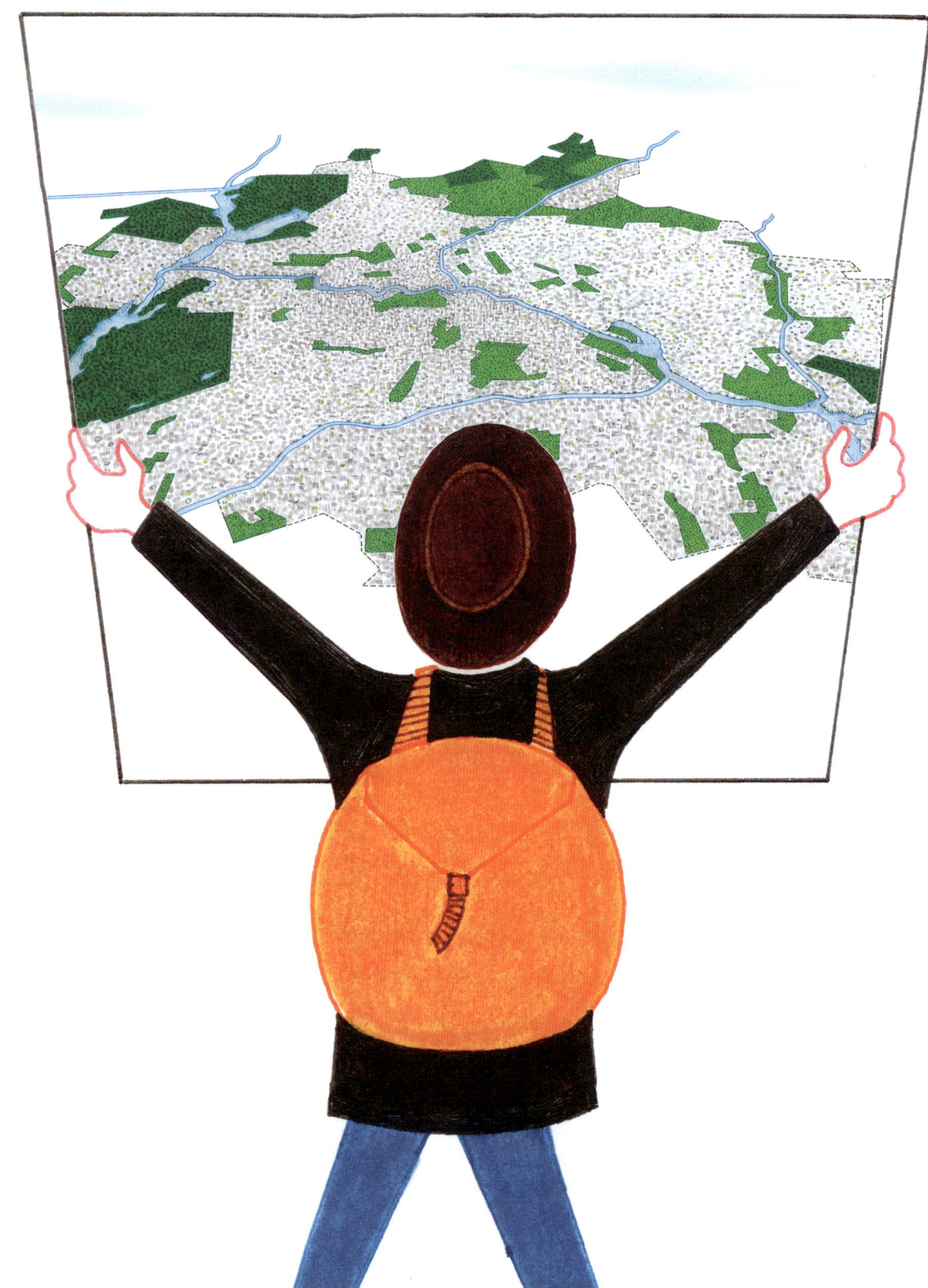

柏林，欧洲绿化率最高的首都之一。这座庞大的城市被成片的茂密森林围绕，众多河流穿城而过。

1910年起，柏林规划要在城市外围修建环绕式公园，市内要有大大小小的街心花园密布。

20世纪80年代，河岸边大量栽种树木，公园间通过长道紧密相连，不仅让人们有了众多散步去处，也为动物和植物提供了更好的生态环境。

2004年开始，政府着手缓解城市热岛效应，通过更均匀地分布建筑群、提升绿化覆盖率，使空气流通更为顺畅。

柏林市民在整个过程中发挥了极大的作用。他们自发组成协会，捐款并照料公园、打造社区花园和菜地……

这是一座真正因人们而变得更富绿意，同时用绿意为人们创造更美好生活的城市。

格莱斯德赖克公园

离柏林市中心不远的这座大型公园原先是一处废弃车站，开阔的绿地覆盖了旧时的铁道。在规划阶段，当地居民怀着对老车站的深厚情感建言献策，让许多原有设施得以保留。

格莱斯德赖克公园，德国柏林（2014年）
建筑设计师：LOIDL工作室

原先沿着铁道私自修建的小房子、小花园未被拆除，派上了供人休憩、点缀景观的新作用。

距周边住宅不远的铁路桥下安置了运动与游戏器材，给孩子们提供了一方可以尽情玩耍的天地。

附近已填埋的小潘科河被重新开发,河边修起了怡人的步道。

　　房屋墙壁都穿上了厚厚的植被衣裳,可以达到自然调节温度、冬暖夏凉的效果。

　　原先的一部分停车场改造成了可以让孩子们亲近动物的迷你农庄。

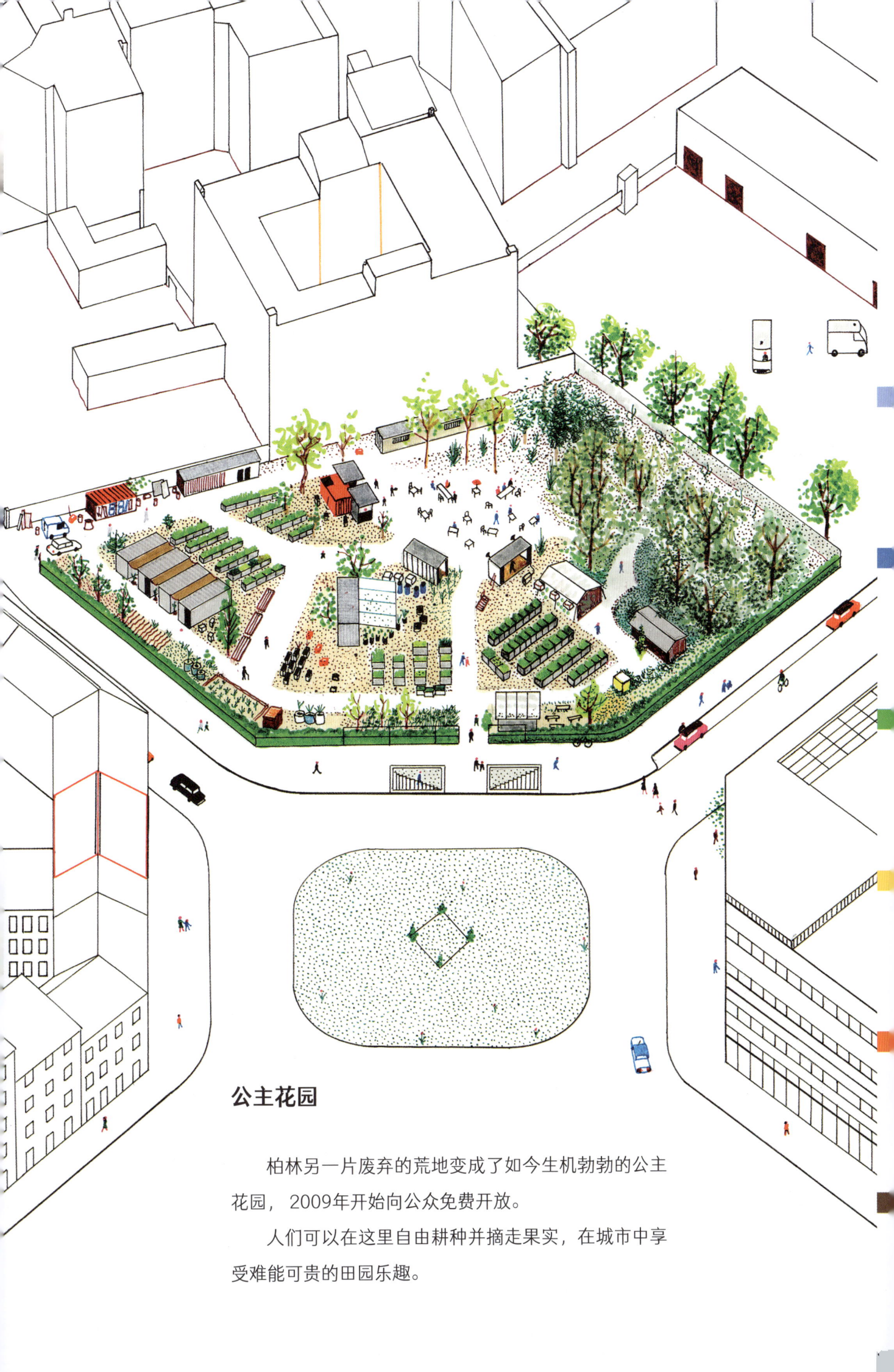

公主花园

　　柏林另一片废弃的荒地变成了如今生机勃勃的公主花园,2009年开始向公众免费开放。

　　人们可以在这里自由耕种并摘走果实,在城市中享受难能可贵的田园乐趣。

米兰，
两幢高楼把森林带回城市

垂直森林，意大利米兰（2014年）
建筑设计师：斯特法诺·博埃里

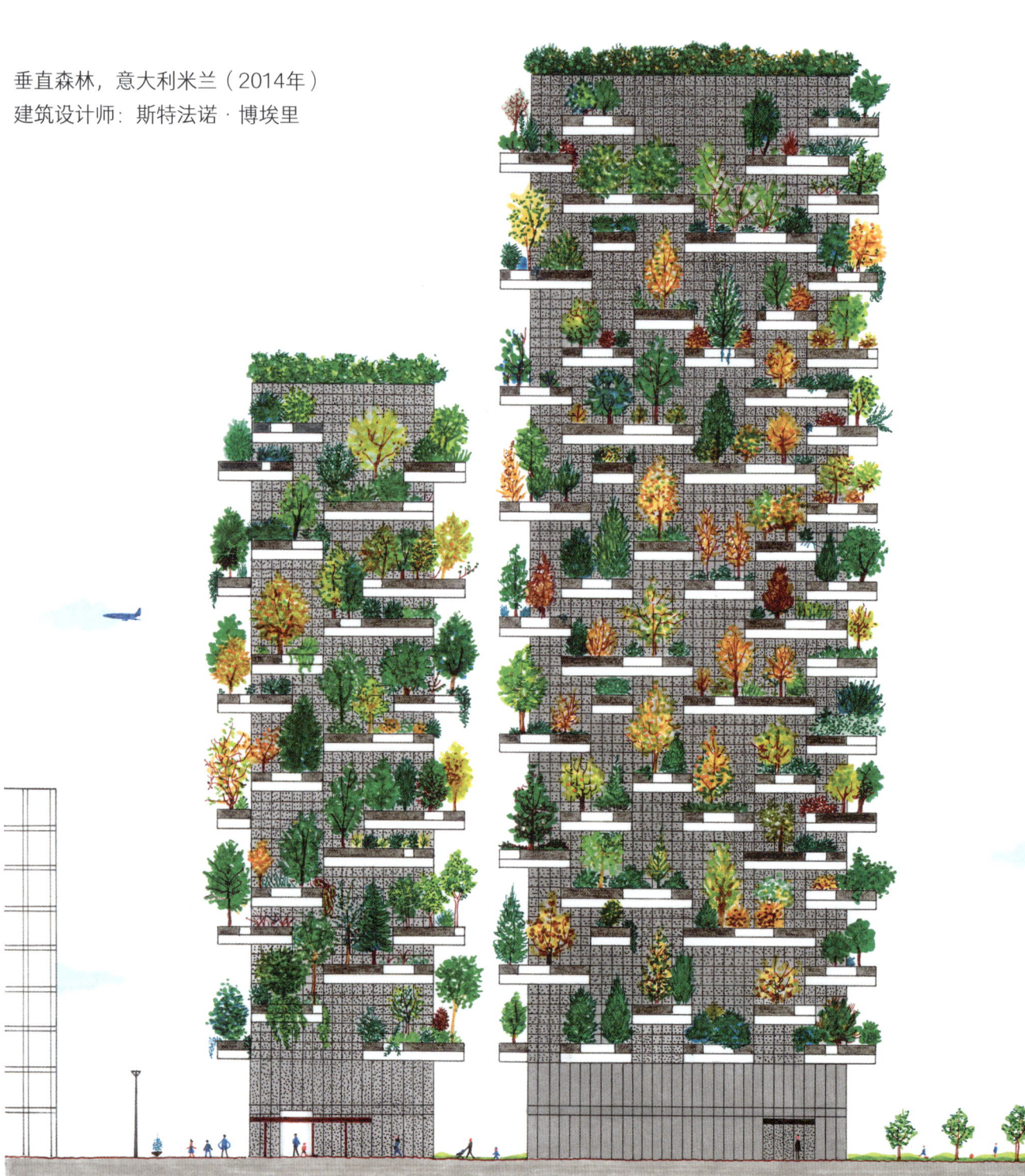

建筑设计师斯特法诺·博埃里认为，城市的扩张导致自然资源锐减，我们赖以生存的地球正遭受严重威胁——在城市中重塑大自然刻不容缓。

2014年，米兰建起两座垂直森林。博埃里悉心选择了能错落有致地在阳台生长的树木，使高楼外这些植被的绿化面积与一片占地一万平方米的大森林相当。鸟儿和昆虫自此有了新的栖息地，米兰的生物多样性得以恢复。

米兰森林计划，
意大利米兰（2015年）

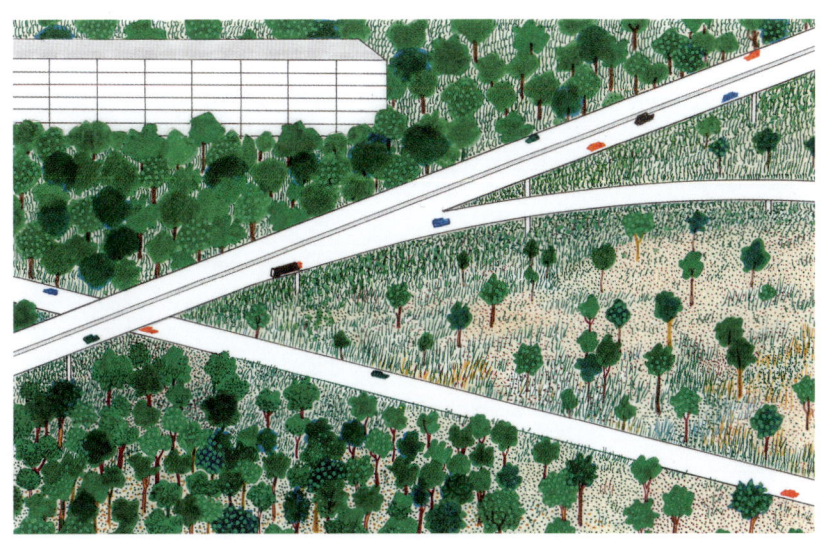

博埃里还计划将米兰现有的公园全部通过高速公路连接起来，并在公路附近栽满树木，让森林环绕整座城市。在把绿色带回城市的同时，也能让原先"离家出走"的动物们渐渐回归。

在城市里如何种菜?

如果可以在城市里种植蔬果、饲养牲畜,

不需要从很远的地方运送食材,

人们的饮食是不是就能更实惠、更环保、更便利?

**铁路农场，
来此参观便是学习**

　　铁路农场位于巴黎东北部，人们在这里尝试各种种植方案，探索适合城市的农业模式。这座农场就像是一所开放性学校，人们在参观的过程中就能学到许多农业知识。

　　农场回收当地餐馆的剩菜剩饭，运回到固定地方进行处理。这些堆积起来的厨余垃圾经过发酵腐熟，成为肥力丰富的肥料，为农作物提供营养。

铁路农场,法国巴黎(2019年)
建筑设计师:克拉拉·希毛伊

农场倡导利用植物互利共生的特性,在有限的空间内种植多种适合共同生长的农作物。这种方法尤其适合狭小的种植区域采用。比如将四季豆、豌豆、生菜、番茄一起种在覆盖稻草的小土堆上,它们就能为彼此增加营养、抵抗害虫、保持土壤湿度……

有些农作物以装有土壤的小袋子为家,不依赖外部环境。它们可以被轻便地带走,放到家中阳台上、楼梯上也能继续生长。

农场还建立了鱼菜共生体系。鱼的排泄物通过管道运输,过滤处理后成为农作物的肥料;农作物释放氧气,同样通过管道传递回去,供鱼呼吸。

农场中有一个专门种植热带水果和蔬菜的温室。温室楼下就是餐厅，想吃的蔬果很快就可以端上餐桌。

农场之旅的最后，还可以逛逛集市，买菜回家。

生态盒子，
拼出一片临时菜园

在城市里种菜，是一件不断发明新东西、彰显灵感与创意的事情。

生态盒子就是一个绝佳例子。这是一种可以自由组合的种植模块，无论在废弃停车场、窄小阳台还是死胡同，只要放置生态盒子，这些地方随时都能变身为临时菜园。

生态盒子拼出的菜园,法国巴黎(2005年)
设计师:AAA工作室

底特律，
社区菜园拯救破产城市

底特律曾经是全球知名、风光无限的"汽车城"，可后来工厂纷纷倒闭，大量人口失业，成片工作园区被弃用……城市宣告破产，人们甚至吃不到新鲜食物。

许多人选择离开这里，留下来的人们开始在废弃空地上种植农作物，解决自己的温饱问题，邻里之间相互照管菜园、分享果实。让人惊喜的是，这些本地产的新鲜蔬果大受市场欢迎，将底特律崩溃的食物系统渐渐拉回正轨，人与人之间的关系也变得更加紧密。社区菜园让这座灰心丧气的城市重新拥有了活力。

城市北角的社区菜园，美国底特律（2016年）

充分利用资源的城市是什么样？

许多城市大力构建生态社区，
在社区建造及运行过程中充分利用本地资源和可再生资源，
同时鼓励社区居民践行更环保的生活方式，
比如自行分类并处理垃圾，就地办公以减少交通污染……
与传统社区相比，
生态社区大大减少了人类活动对自然环境的影响。

贝丁顿，
生态社区典范

位于伦敦南部的贝丁顿是生态社区建筑革新与创新运营的典范，也是世界上第一个尝试去做到二氧化碳零排放的社区。

贝丁顿，英国伦敦（2002年）
建筑设计师：比尔·邓斯特

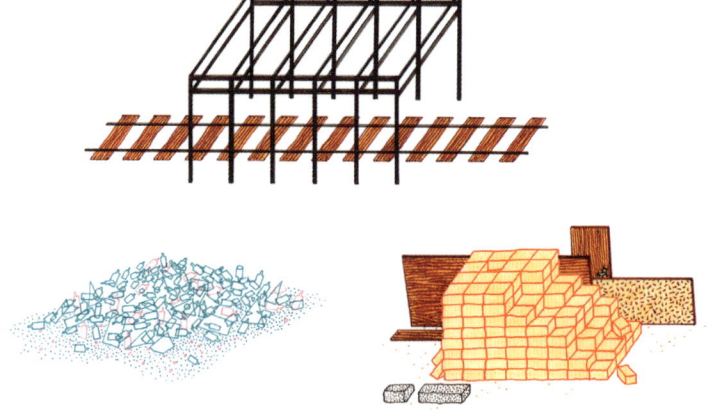

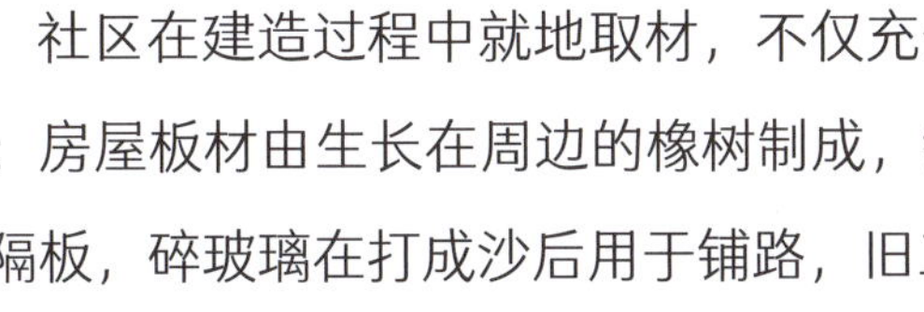

社区在建造过程中就地取材，不仅充分利用本地资源，还对废料进行了回收和再利用：房屋板材由生长在周边的橡树制成，钢材取自废弃的火车站，原先的铁轨枕木被用作隔板，碎玻璃在打成沙后用于铺路，旧工地的砖头拿来砌墙……

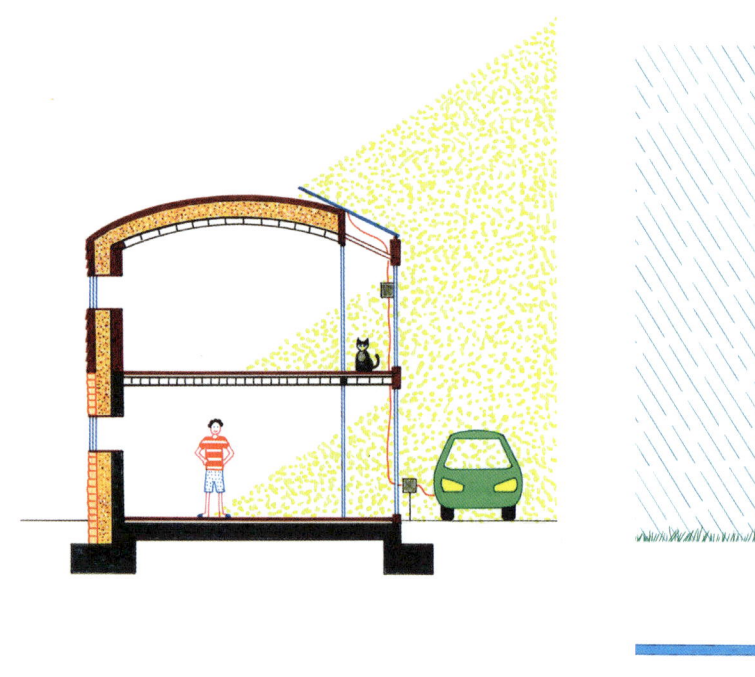
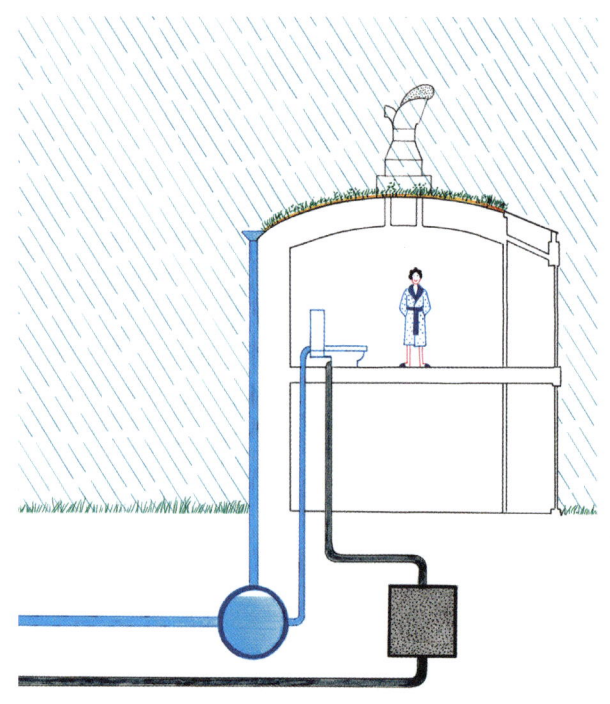

这里的房屋全部面向南边，配有太阳能装置，可以利用光照取暖和发电。墙壁中还嵌有隔热夹层，防止热量散失。

雨水通过回收净化设施被收集起来并再度使用。

聚集的建筑将居民们紧密相连，大家不仅住得很近，还可以在社区内的学校、生产间、办公室里共同学习和工作。

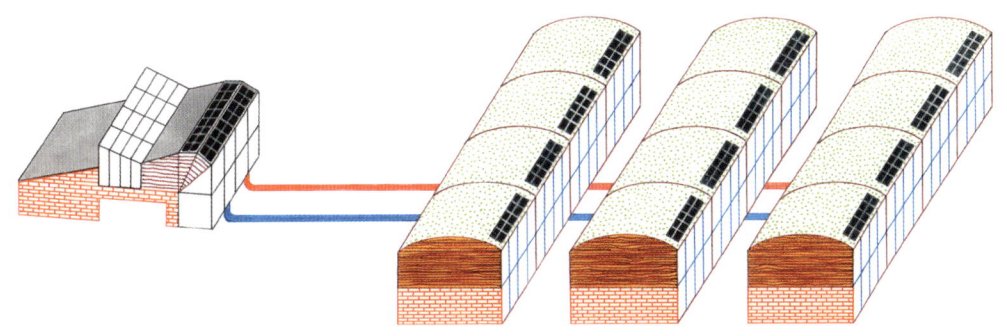

楼与楼之间紧凑相邻，减少了散热面积，增强了御寒效果。

社区内还有小型热电站，通过焚烧垃圾为居民们提供生活用电和热水。

屋顶上一个个颜色缤纷的"小帽子"十分引人注目，它们其实是设计简洁、功能强大的自然通风管道——"小帽子"的一头排出室内污浊空气，另一头将室外新鲜空气运送进来。

在城市里如何出行?

无论是去上班还是玩耍,独自一人还是与朋友一起,
在城市中穿梭,交通工具必不可少。
为了减少交通污染,
人们开始采用许多新型出行方式——
它们不一定有很高的科技含量,
却有很好的环保效果。

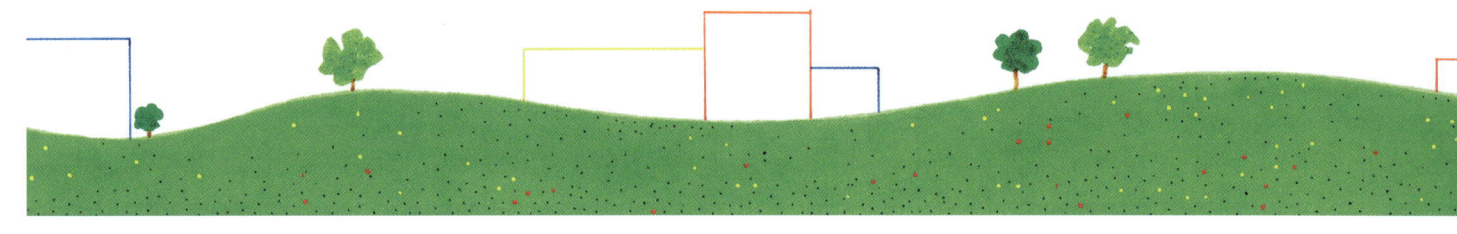

库里提巴,
快速公交系统的发源地

只有先将整座城市的公共交通体系优化,才能真正促进人们采用更环保的出行方式。

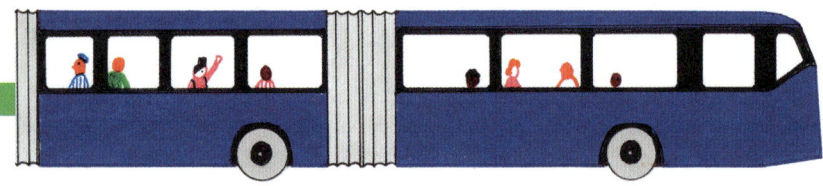

可以容纳270名乘客的双铰接巴士以及圆筒式车站,巴西库里提巴(1991年)

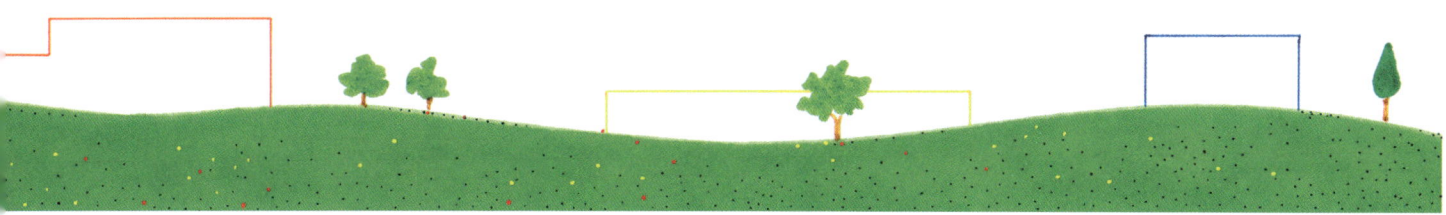

20世纪70年代,大多数城市都以私人机动车为主要考虑对象构建交通体系,但库里提巴的时任市长结合当地情况,创造性地提出在城市内开辟巴士专用快速通道,并修建与之匹配的、更方便乘客上下车的新式车站——这也成为世界各国快速公交系统的雏形。

在修建这些道路与设施时,市长还对其占地做了限制以保护草坪与森林。

这条长长的巴士专用道将郊区与市中心连接起来,人们可以乘坐巴士便捷地去往城市里的任何一个地方。

不过,随着人口迅猛增长,库里提巴需要更艰难地在拓展交通道路和保护绿地之间做好平衡。这个城市将如何应对新的挑战,我们拭目以待。

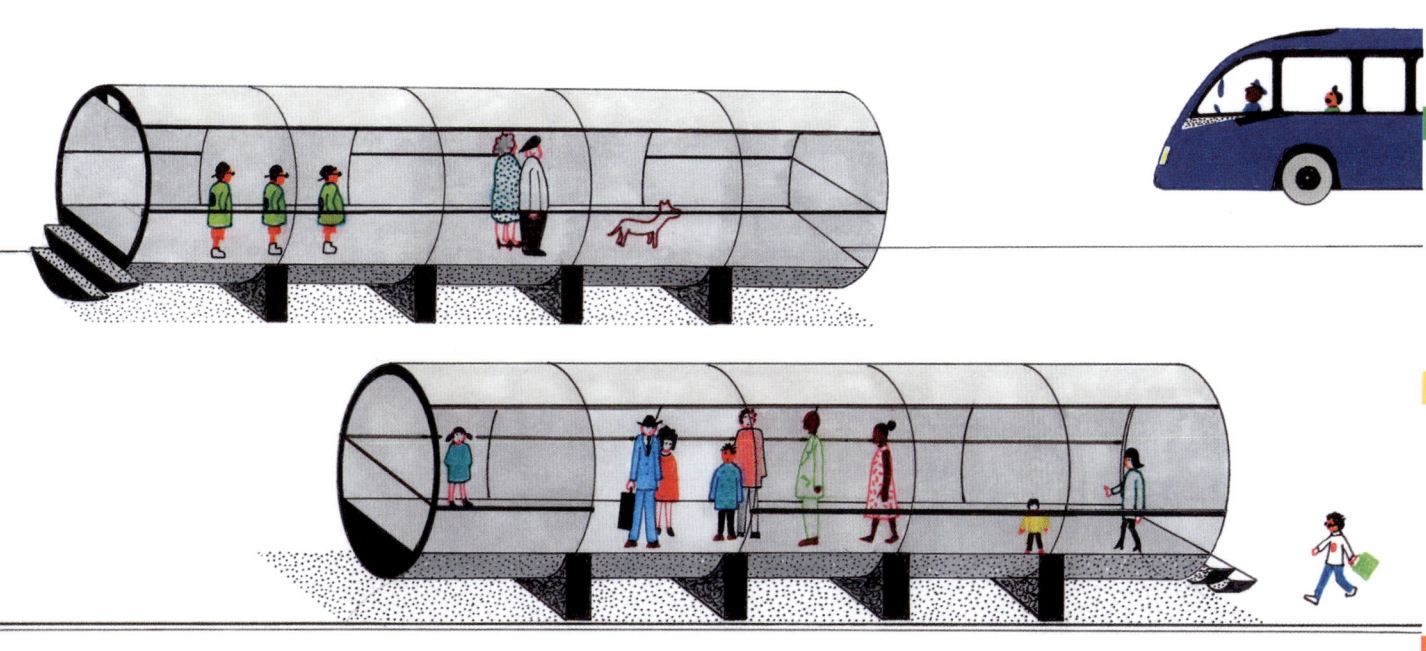

麦德林，
用高空缆车拉近人们的距离

在麦德林，缆车沿着山坡高高架起，载着乘客上下山。沿线还设有图书馆等公共活动空间，随时欢迎乘客光临。与绝大多数服务观光客的缆车相比，麦德林高空缆车的架设初衷是为当地居民带去便利。这种交通工具经济实惠，让原本住在城市边缘、难以出行的人们与城市中心地带紧密相连。

建设高空缆车是麦德林的学术专家、社会工作者、政府官员和企业代表共同商议的结果。它的成功运营，不仅使城市四通八达，更打破了城市高处贫困地区与中心发达地带的隔阂，促进了当地的经济发展，拉近了人们生活与心灵的距离。

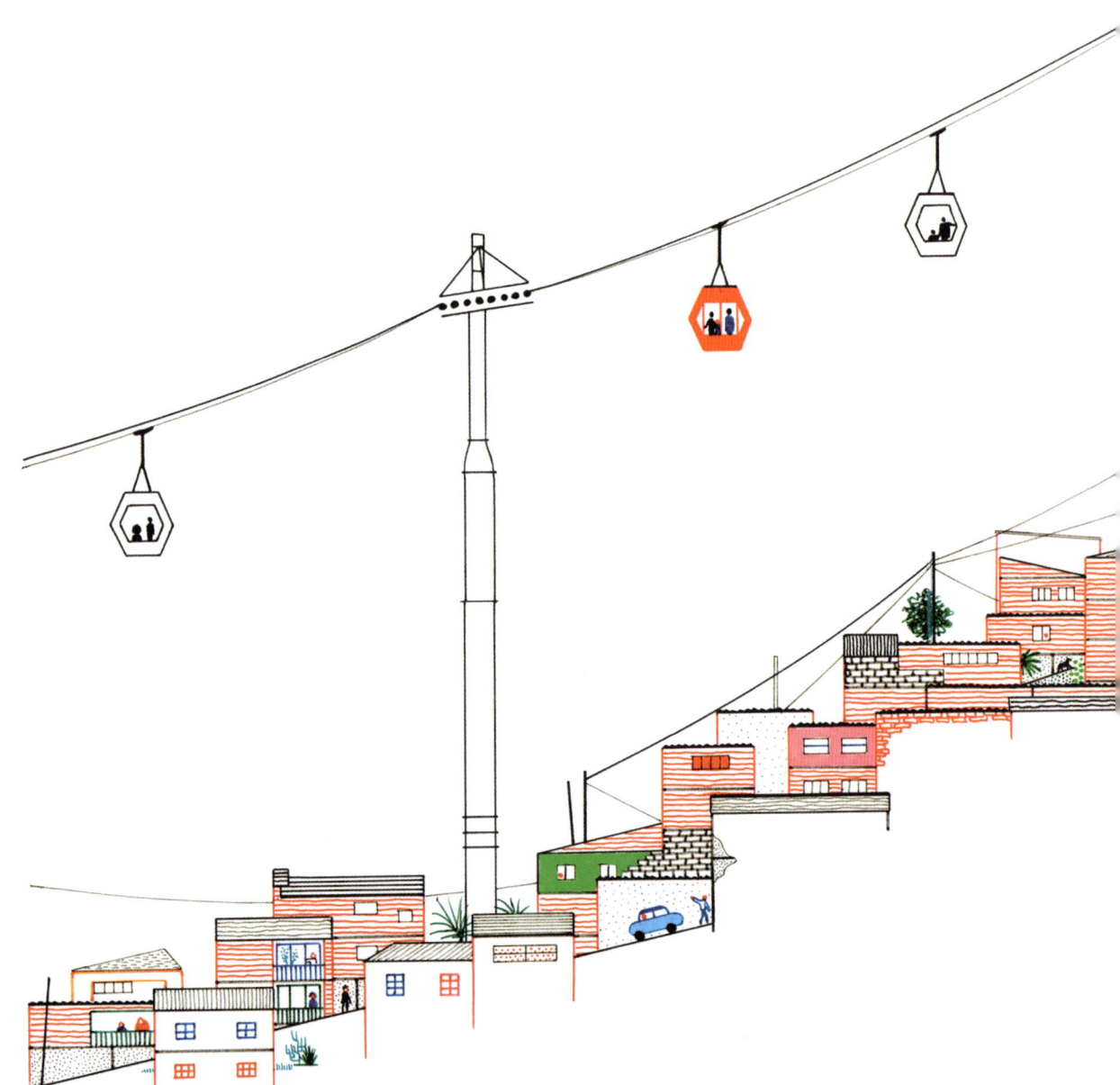

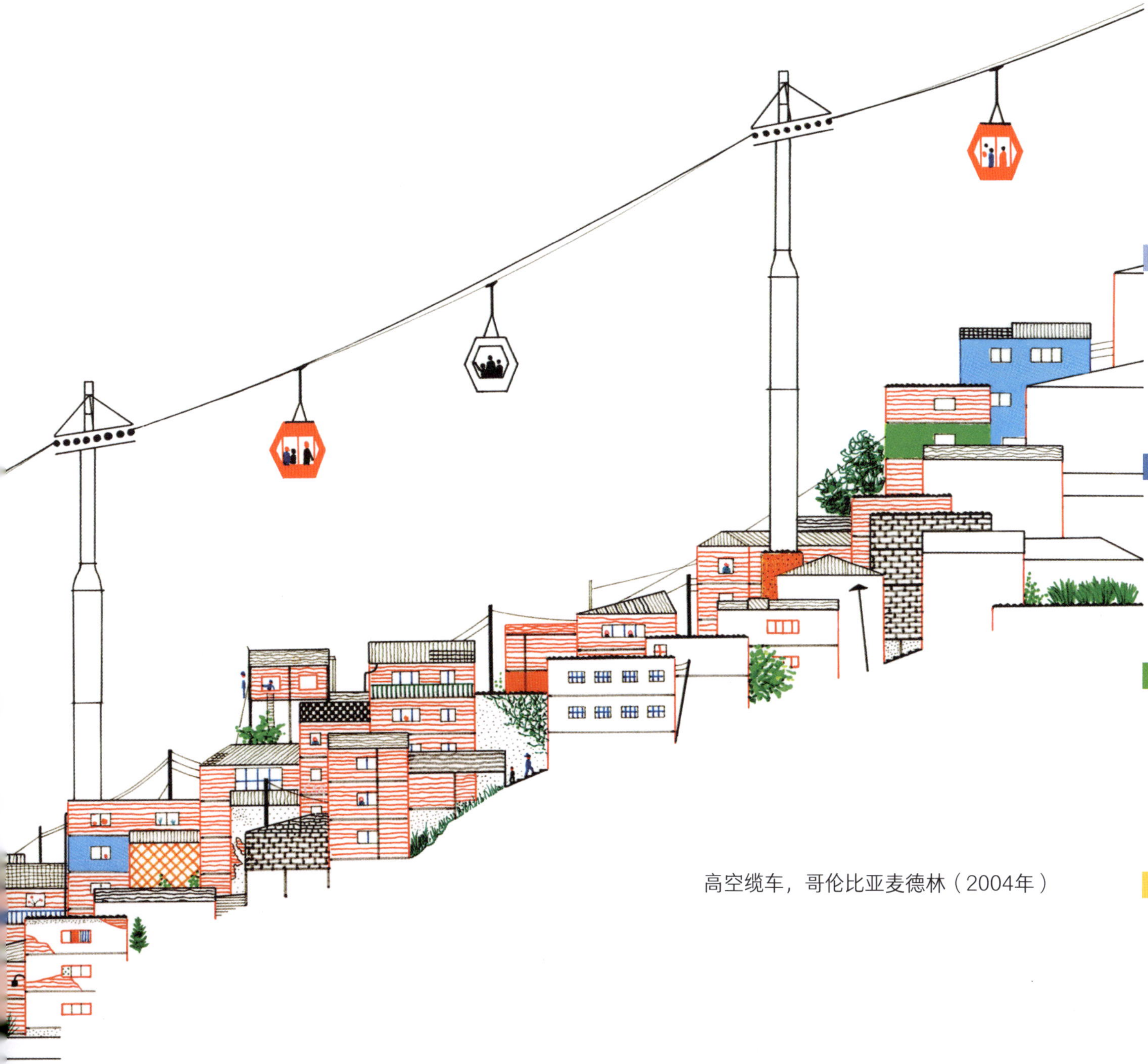

高空缆车，哥伦比亚麦德林（2004年）

39

城市里有越来越多的出行方式可供选择，人们因交通工具而来去自由！

一些地形以丘陵为主的城市——例如旧金山——自19世纪末起就开始运行有轨电车。这种交通工具即便在坡度较大的地方也能稳稳前进，因此深受人们青睐，也渐渐成为城市的一大标志。直到如今，有轨电车依然是进行城市旅行的绝佳选择之一，并且还在通过改良变得更快捷、更便利。

随着手机应用程序的发展，人们开发出了拼车软件。拼车，指的是多人乘坐一辆汽车，这不仅能降低出行成本和交通污染，还有助于人们进行社交。

比起传统燃油汽车，电动汽车有着无污染、噪声小的优势。如今，商业用车已呈现出全面电动化的趋势。

甚至还有飞行汽车！在2017年日内瓦车展上，就有一款名为"Pop.Up"的概念车亮相，让人们看到了飞行汽车的可能性。也许在不久的将来，当我们遇上塞车时，可以直接让汽车飞起来避开！

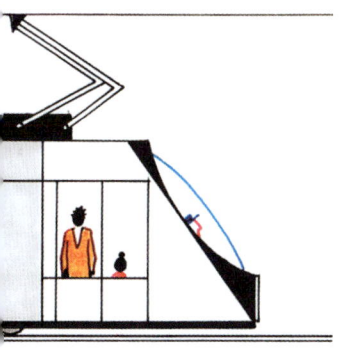

有轨电车,美国旧金山(1873年)

还有许多好玩的代步工具,比如电动独轮车、轮滑鞋、滑板车……

为了在出行的同时携带行李,人们还发明了载货自行车。

载货自行车(2010年)
设计师:克里斯多夫·马谢

当然,步行仍然是最简单且环保的出行方式。

自行车的类型多种多样，人们骑自行车时的服装、装备也在日渐丰富。

哥本哈根，
自行车上的城市

在哥本哈根，人们一半以上的出行都靠自行车完成。自行车已经成为几乎每个哥本哈根市民都在使用的交通工具。骑自行车是一种生活习惯，也是一种城市时尚。

这座城市也曾汽车遍地，但如今"是否对自行车友好"已是整个交通体系里最优先考虑的事情。

哥本哈根还在城市南部建起了一座著名的自行车高架桥，像一条红色的小蛇一般蜿蜒于高楼大厦之间，专供人们骑行。

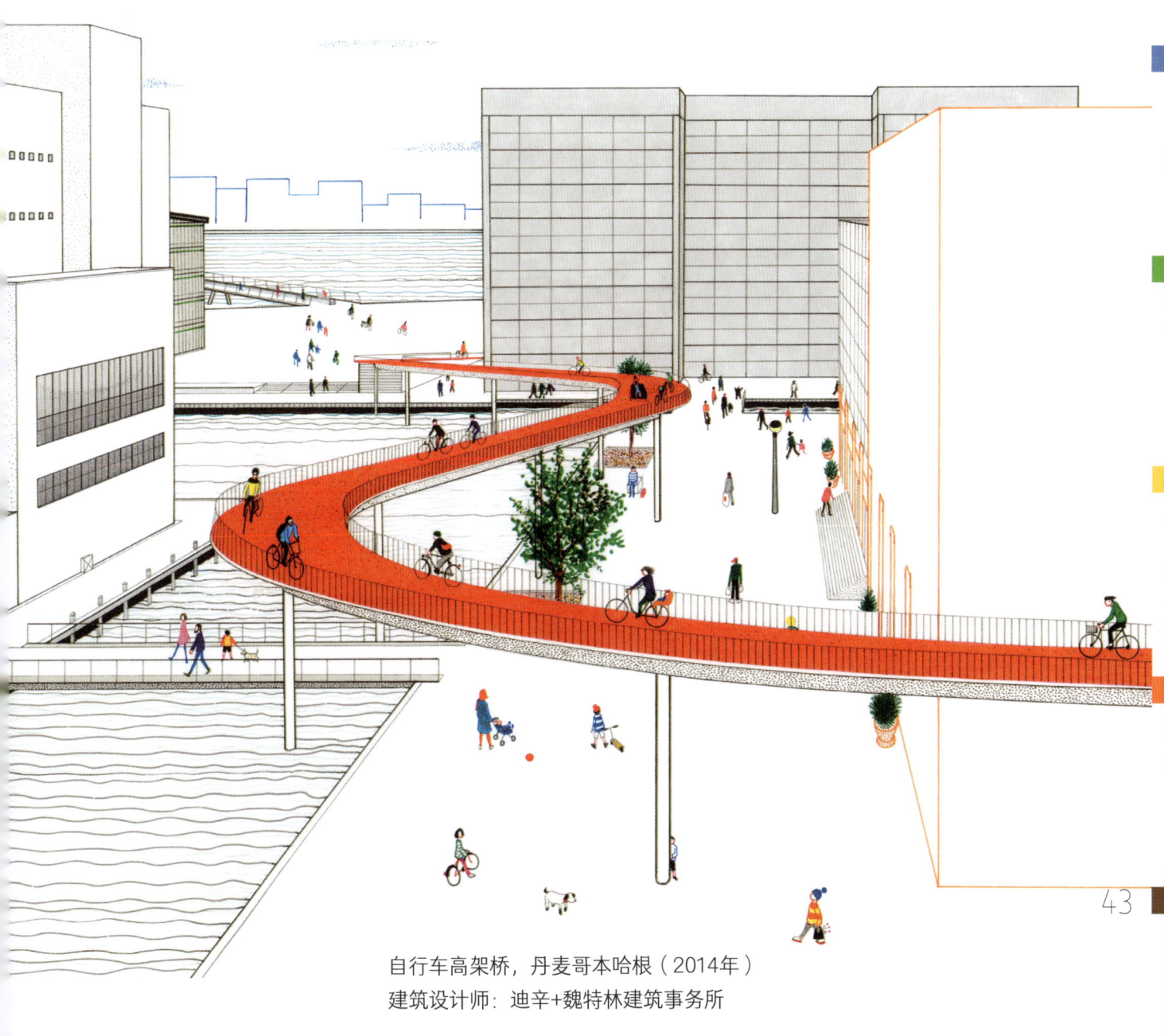

自行车高架桥，丹麦哥本哈根（2014年）
建筑设计师：迪辛+魏特林建筑事务所

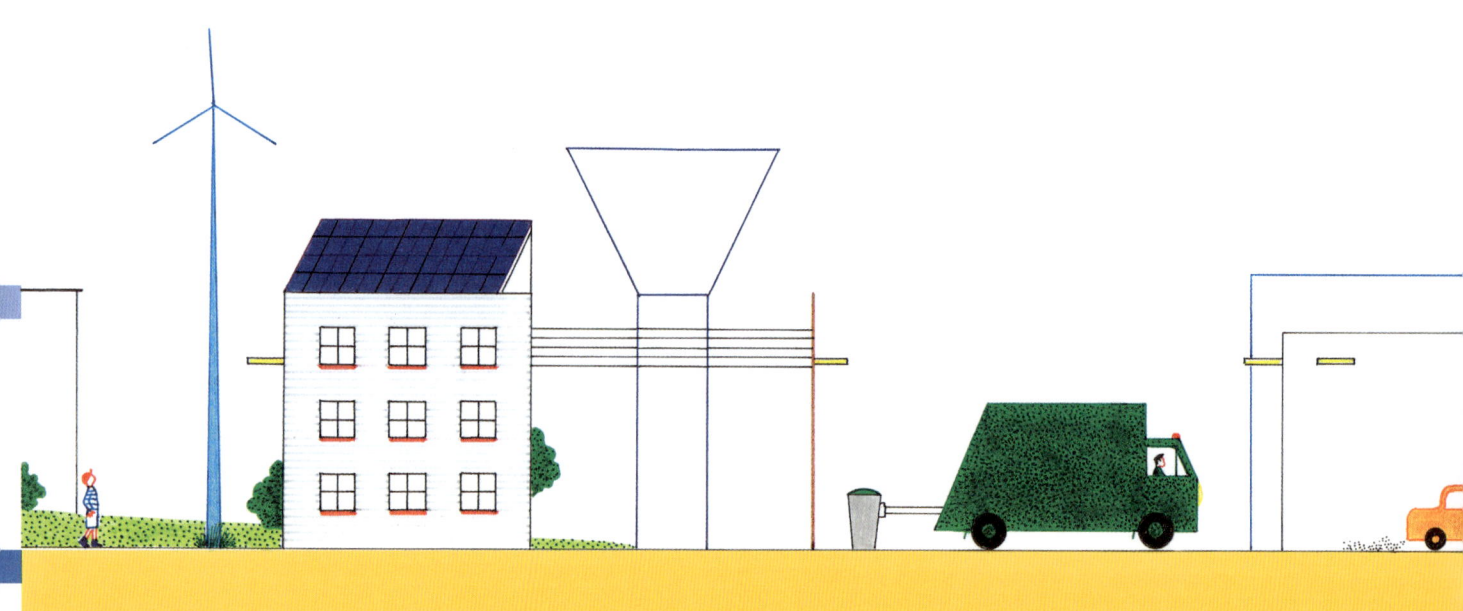

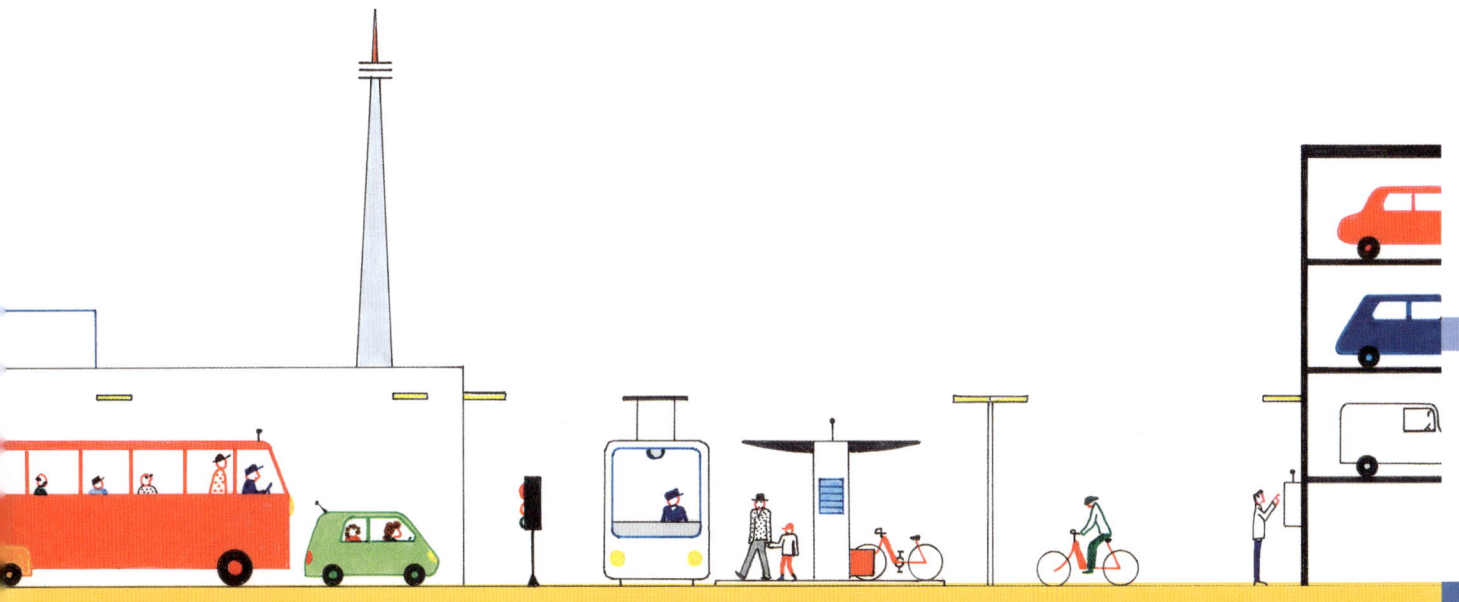

智慧城市是什么样？

城市里，每天有无数的活动在举行，
无数的车辆在穿梭，无数的标牌在闪耀……
一座城市就像一台巨型多功能机器，
必须同时完成供给能量、提供医疗、
处理垃圾、整治交通、传递资讯等无数事情。
这台机器必须足够聪明，
才能时时刻刻关心每一个人、做好每一件事。

新加坡，"智慧"程度一马当先

如今，新加坡的每一条水路和车道上都装有传感器，一个遍布全国的传感器网络已经建成。

这个畅通且结构完整的网络不仅能实时收集数据，通过数字技术进行分析处理，还能让人们随时在自己的电子屏幕上读取分析后的信息。同时，城市可以根据信息预测人们的需求，为人们提供更好的公共服务。

新加坡已是世界公认的智慧城市。2014年，随着政府发布"智慧国家"的十年计划，新加坡在各条交通线上安装了传感器和摄像头，这使得城市交通管理工作实现了全面数字化，人们的出行路线实时优化，交通能耗得到有效控制。与这一计划相匹配，新加坡人均移动手机占有率非常高。人们若根据信息错峰出行，还可以免费搭乘公共交通工具，或者在电子收费站享受一定优惠。

不过，这个日益高效的智能系统也带来了隐私泄露的风险。不久之后，每个人的出行来往甚至会被制成3D效果图，更加一览无余地显现……

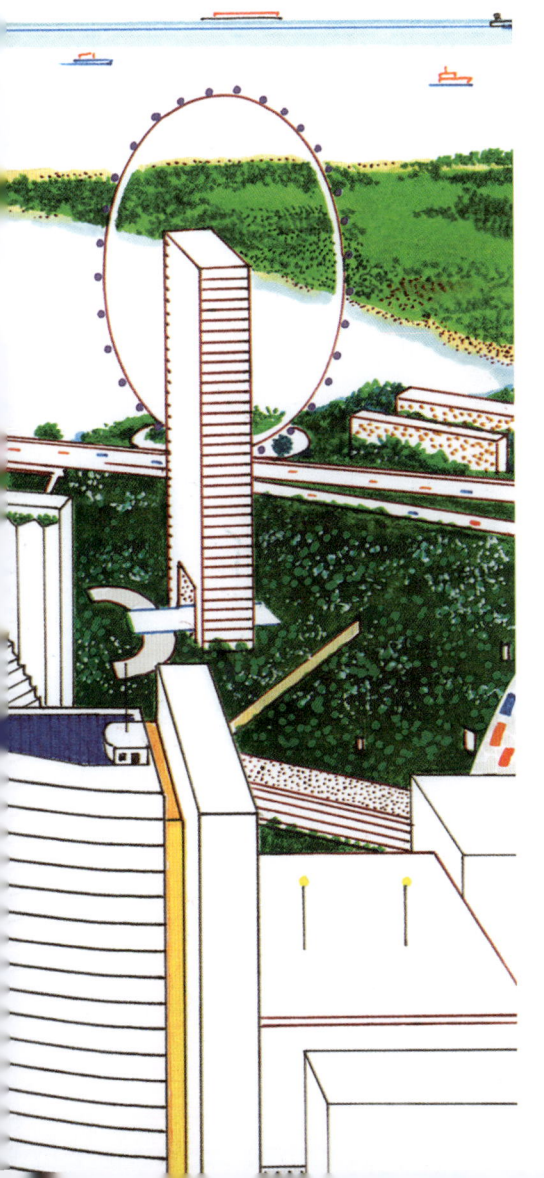

滨海湾花园

新加坡在环保方面也极具"智慧",滨海湾花园就是一个利用科技恢复并促进生物多样性的典范。这里有两个巨大的玻璃生态区:"花穹"与"云雾林",分别还原地中海地区与热带山地地区的气候,为不同花木提供适宜的生长环境。全园植被茂盛,种有超过25万种罕见植物,一个落差高达35米的室内瀑布隐于奇花异草之间。18棵高度介于25米至50米间的"超级树"矗立园内,它们其实是被绿植覆盖的树形金属结构,不仅能支持植物攀缘生长、昆虫和鸟类栖息繁衍,还能收集雨水、储存太阳能。

无人驾驶车舱，
明日之车

物理学家、设计师托马索·杰凯林设想了一种只需编程、无需司机的无人驾驶车舱，只要在手机上输入目的地，车舱就会自动驶来并将人们送到任何想去的地方。在高峰期，车舱可以彼此连接，形成一列长车以方便出行。人们还能通过手机预约，在车舱内享用美食。

目前这种车舱仍处于规划阶段，但可以预见，它的面世将掀起一次巨大的交通革新。

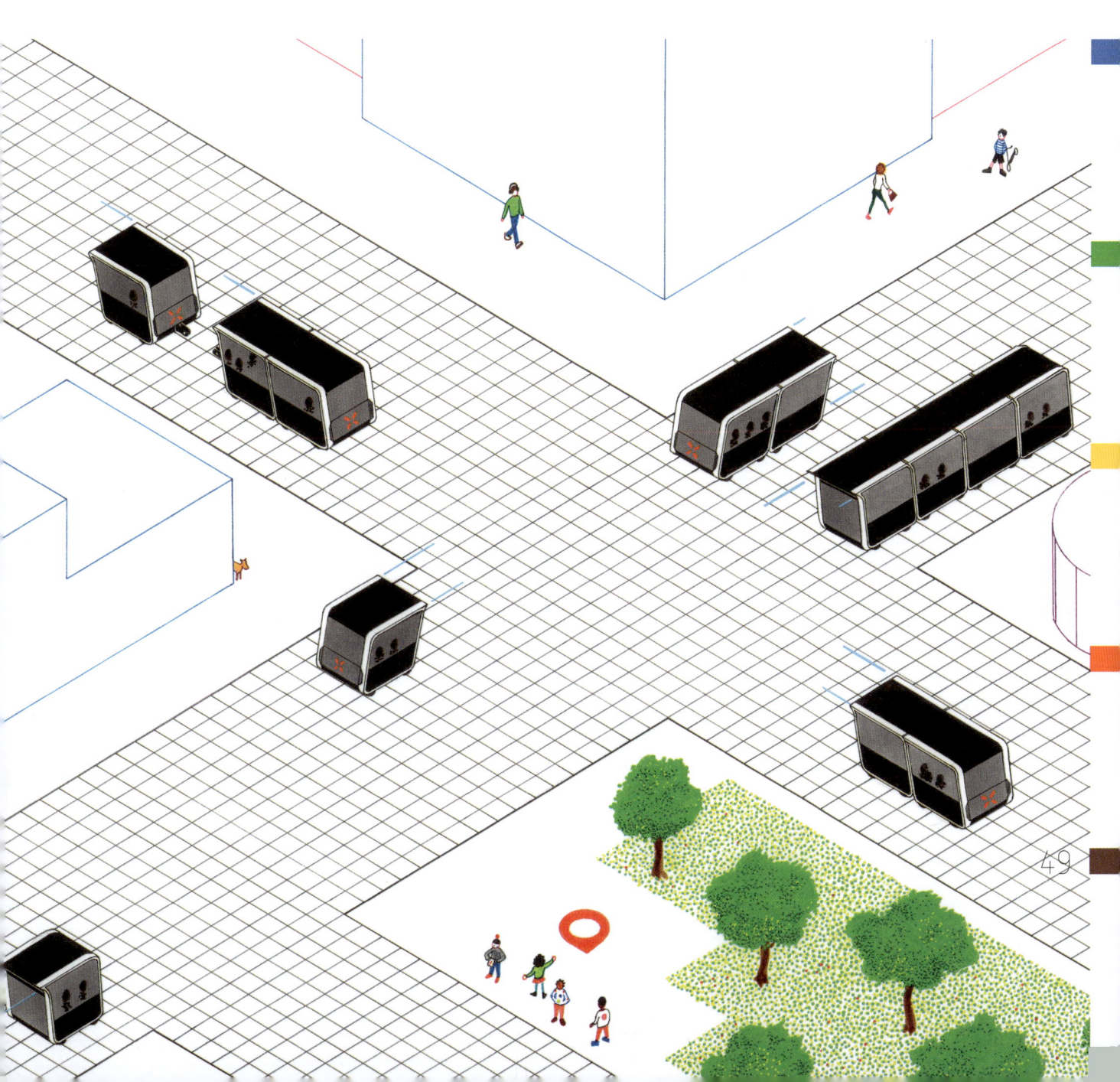

在城市里如何工作?

许多工厂渐渐从城市中撤出,
许多工作渐渐由机械手甚至人工智能执行。
在未来,城市里的人们该如何工作?
会有新的职业、新的工作方式产生吗?

工人之家，
让工作与生活交融

19世纪，工业革命兴起。人们想办法让工人住得离工作地点更近，根据他们的生活模式建起住宅区。

1846年，制造商让-巴蒂斯特·安德烈·戈丹来到法国北部的小镇吉斯，为家人以及手下的工人们建立了一个名为"工人之家"的社区。

工人之家，法国吉斯（19世纪）

社区分为生活区和生产区两大区域。生活区中建有幼儿园、学校、剧场、商店、洗衣房、游泳池，以及一个位于工厂附近的花园。

多亏工人之家，当地工业迅猛发展。戈丹还成立了工会组织，践行民主制度，让工人们都参与到对社区和工厂的管理中。

在这座有2000多名居民的"小城市"里，社会生活丰富多彩，时不时举办热闹的大型活动。

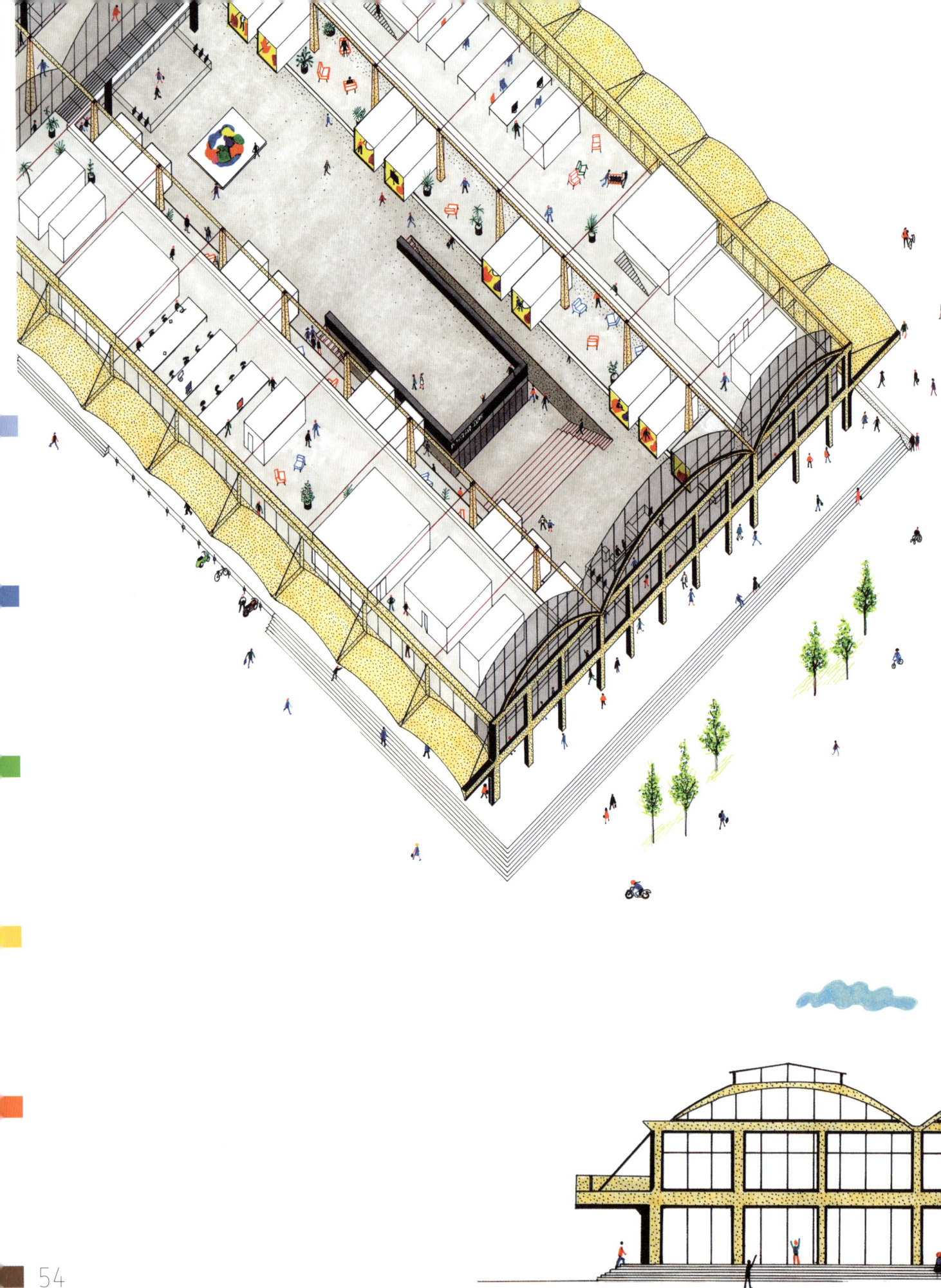

创新中心F站，
脱胎于货运站的创业孵化园

1929年，工程师欧仁·弗雷西内在巴黎奥斯特里茨车站旁边修建了一个混凝土大厅，作为货运站使用。之后，在货运站废弃、即将被推倒时，考虑到这个大厅占地面积广，建筑结构巧妙坚实、保存完好，建筑设计师让-米歇尔·维尔莫特受邀将其改造成了一个创业公司聚集地，也使这里成为世界上最大的创业孵化园之一。

大厅总共划分出了3000个工作空间，各个创业公司能根据自身需求设计和使用这些空间。人们可以独自使用一个单间，也可以与同事围在一起办公或讨论。

维尔莫特希望在这里营造"村落"的概念，在大厅内配备了共享厨房、自动贩卖机、洗浴室、沙发等设施，满足人们工作之余的生活需要。这里还有一些由集装箱改造而成的会议室，为会议提供隐私保护。除此之外，大厅内设有宽敞的演示厅与接待室，非常适合创业公司进行项目展示与商谈。

创新中心F站混凝土大厅，法国巴黎（1929年初建，2017年改建）
建筑设计师：欧仁·弗雷西内、让-米歇尔·维尔莫特

阿约卡妈妈餐厅,法国巴黎(2016年)

阿约卡妈妈餐厅，
小餐厅带来大温暖

阿约卡妈妈餐厅是一个为外籍女性提供工作机会的合作社餐厅，她们可以在这里制作并售卖家乡的美食：突尼斯的特色盖饭，柬埔寨的牛肉粉，马里的炸鱼……

顾客既可以在餐厅内享用美食，也可以请工作人员送至附近的公司或商店。这个以社会关怀与团结互助为基石的小型餐厅，正用美食与便利温暖大众。

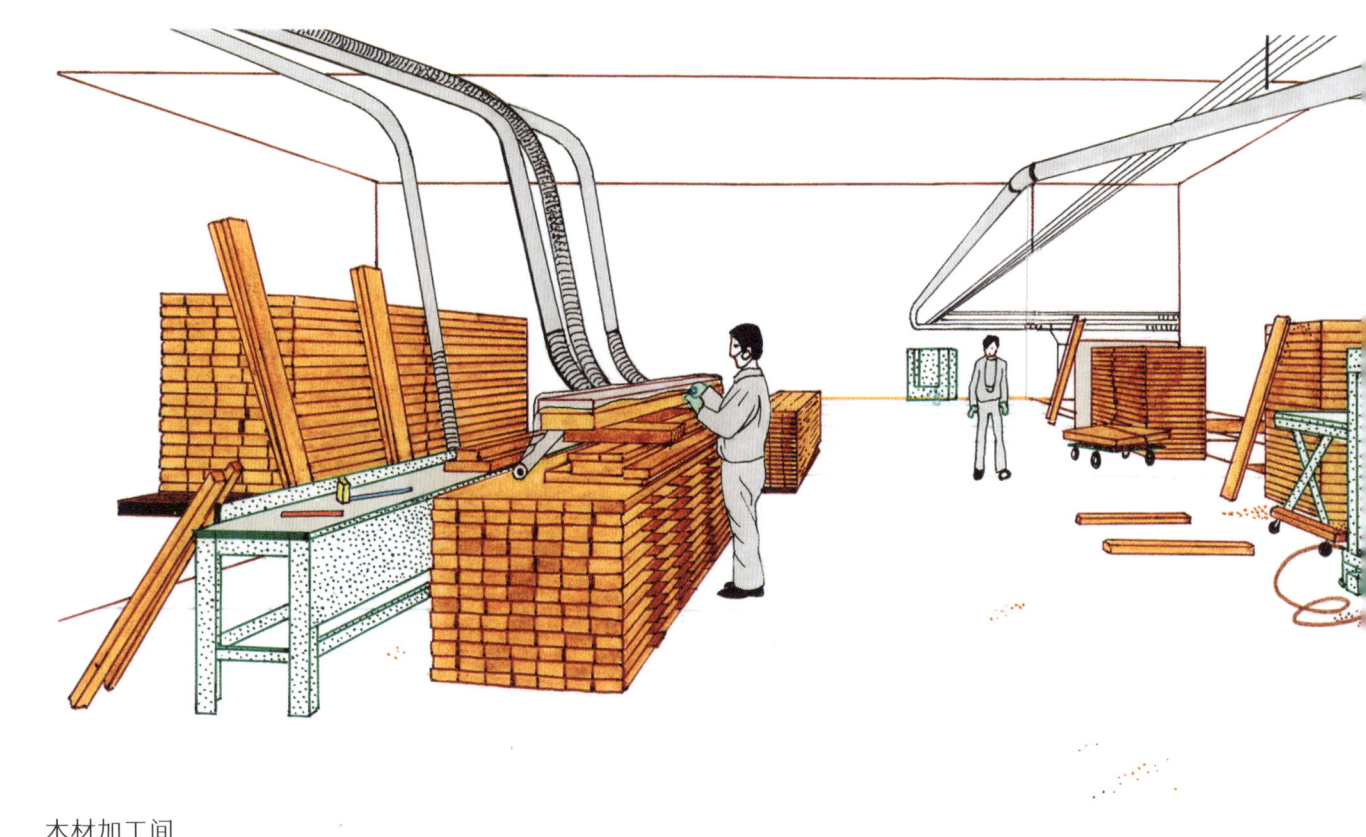

木材加工间

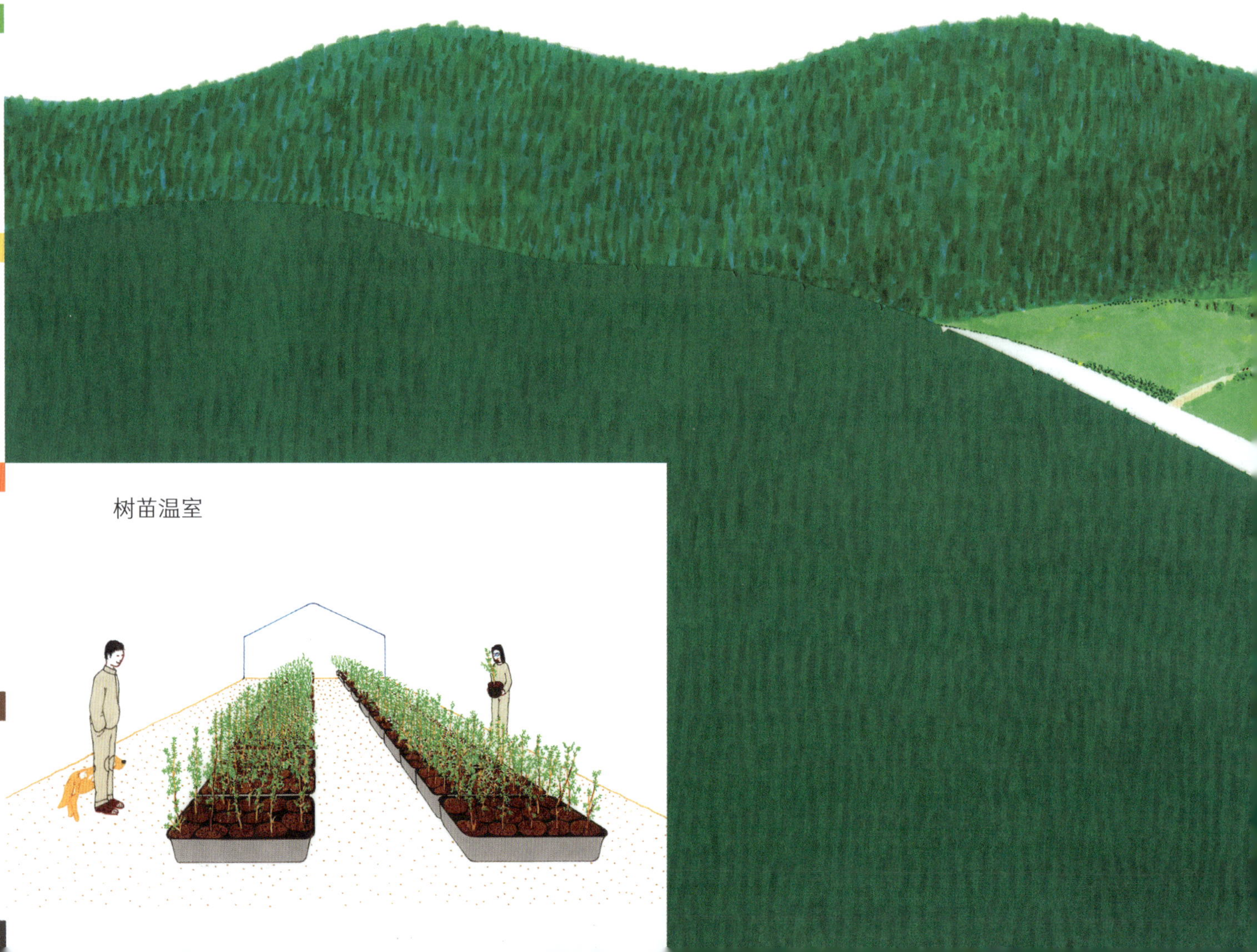

树苗温室

下川町，
一切都与森林相关

下川町是一座位于日本北海道的小城市，四周森林环绕。得益于政府的"未来都市"计划，下川町通过适度开发森林资源、集中发展木材行业，很好地应对了当地的老龄化问题。

这里的公司大多是合作社模式，以生产层压木及其他木材周边产品为主要业务，且已达成共识：在砍伐树木的同时注意培育树苗，尽可能保护当地植被。

这里还有一座老年人社区，通过小型发电厂燃烧废旧木材来为住宅供暖。

森林中的老年人社区，日本下川町（2011年）

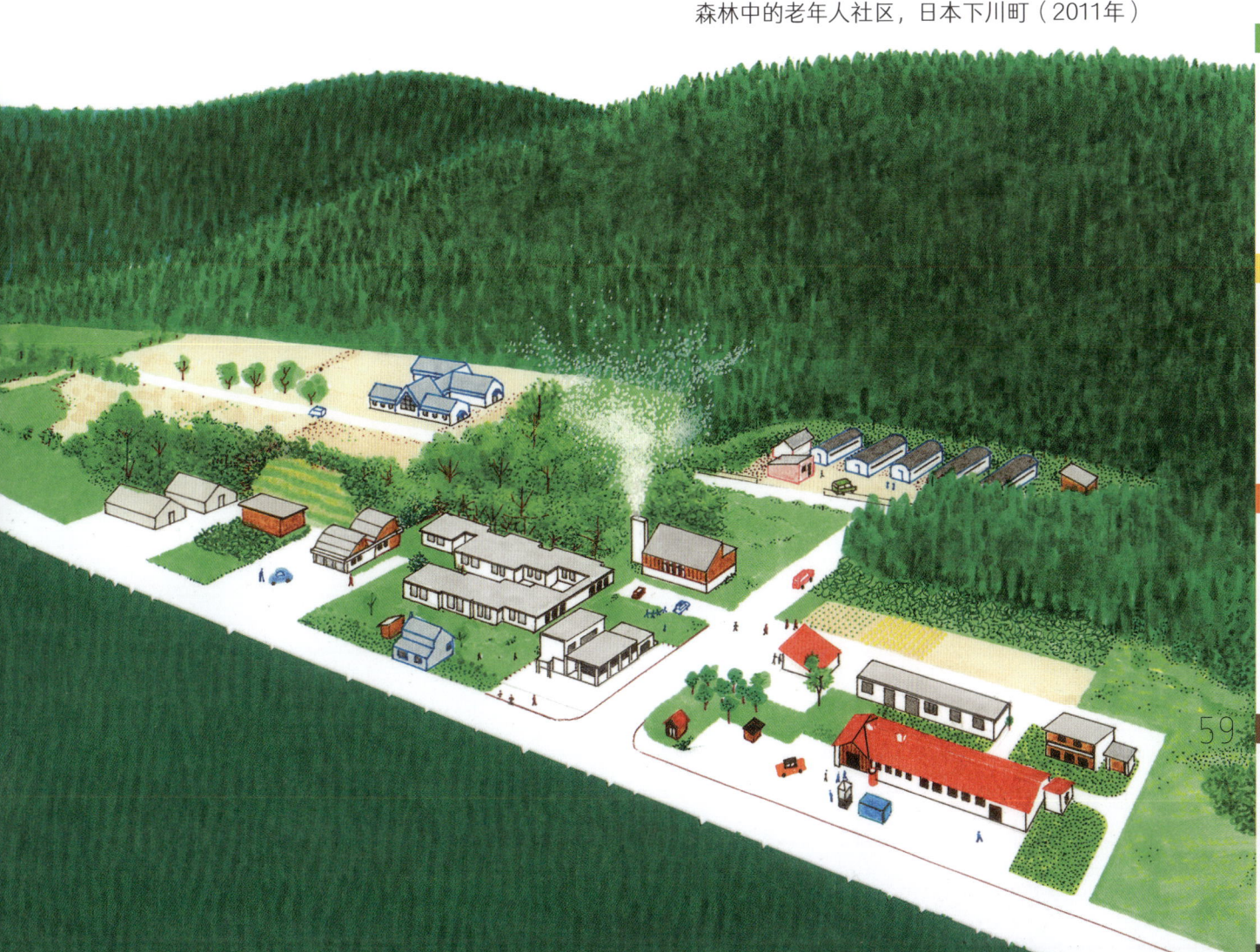

城市可以由人们自己塑造吗?

人们的生活习惯往往会染上所在城市的色彩,
那么相反,
城市是否也可以听听生活在其中的人们的想法,
因人们而改变呢?

里约热内卢，
贫民窟也能五彩缤纷

在里约热内卢，贫困的人们聚集到城市的高处，未征得政府同意就自行修建起住宅，形成了一大片贫民窟。这里的房屋由各式各样的材料建成，不规则的小道纵横交错，走在其中就像一个让人头晕目眩的大迷宫，人们挤挤挨挨地生活在一起。

贫民窟模型，巴西里约热内卢（1997年）

  这里的人们穷困潦倒，也常常因此遭到误解与诋毁。为了坚守一份生存的骄傲，一群当地青少年搜集了一些彩色砖头和边角废料，制作了一个巨大的、还原度极高的贫民窟模型，将这里的缤纷与活力展现在人们眼前。

  之后，在许多艺术家的鼓励下，这些青少年学着拍摄视频，以模型为布景，为大家呈现贫民窟生活的酸甜苦辣——他们甚至还创建了一个频道来播放这些视频。

莱恩斯堡，
城市的面貌在讨论中成型

在南非，建筑设计师卡琳·斯穆茨将话语权交给弱势群体，组织他们一起讨论城市公共项目的建设。在大家的建议下，更多学校、运动场、药房慢慢建立了起来。

在位于开普敦北部的莱恩斯堡，一位诗人收集了人们对过去一场大洪水的伤痛记忆——在他们看来，洪水就像一头狂怒吞噬一切的红色巨兽。于是，诗人有了在河上建一座红色建筑的想法。

根据诗人的想法，铁艺艺术家威利·贝斯特尔与其工作室的学徒们制作出了这个建筑的模型。

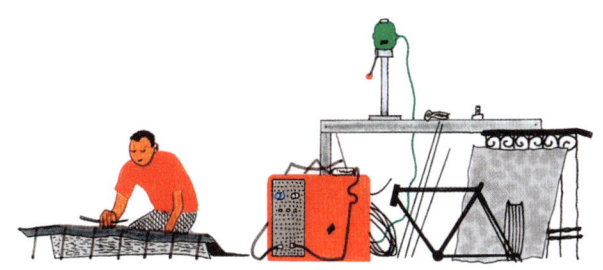

2005年，这座戴维·克拉斯特多功能中心建成，为当地人提供社区服务与活动场地。建筑上方是一个大型风力发电机，建筑内部还有一间由旧车厢改造而成的餐厅。

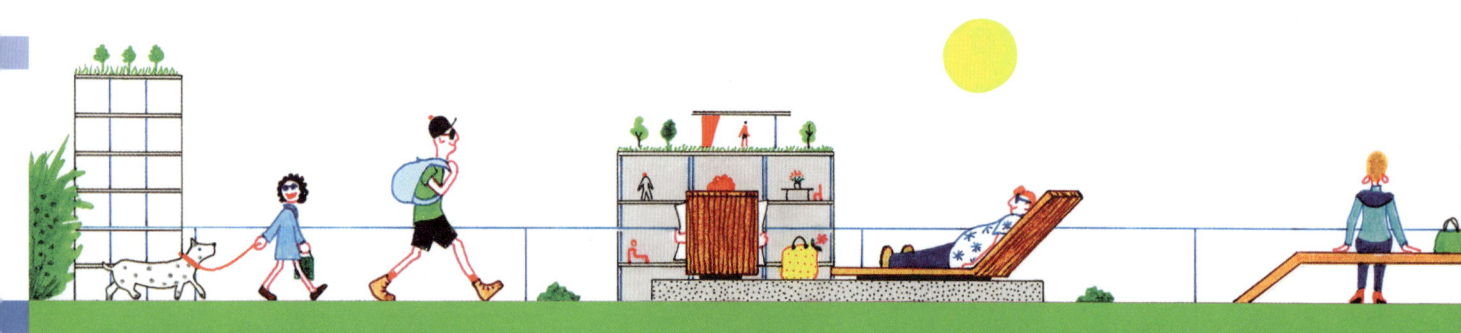

城市可以更有个性吗？

纵横交错的街道，鳞次栉比的高楼——
许多城市看起来都千篇一律。
为什么不让城市更有个性，
给人们留下更深刻独特的印象呢？

"奥斯曼的巴黎"，
严苛带来的美丽

1853年，拿破仑三世任命奥斯曼为塞纳省省长，主持开展大规模的巴黎改建工程。

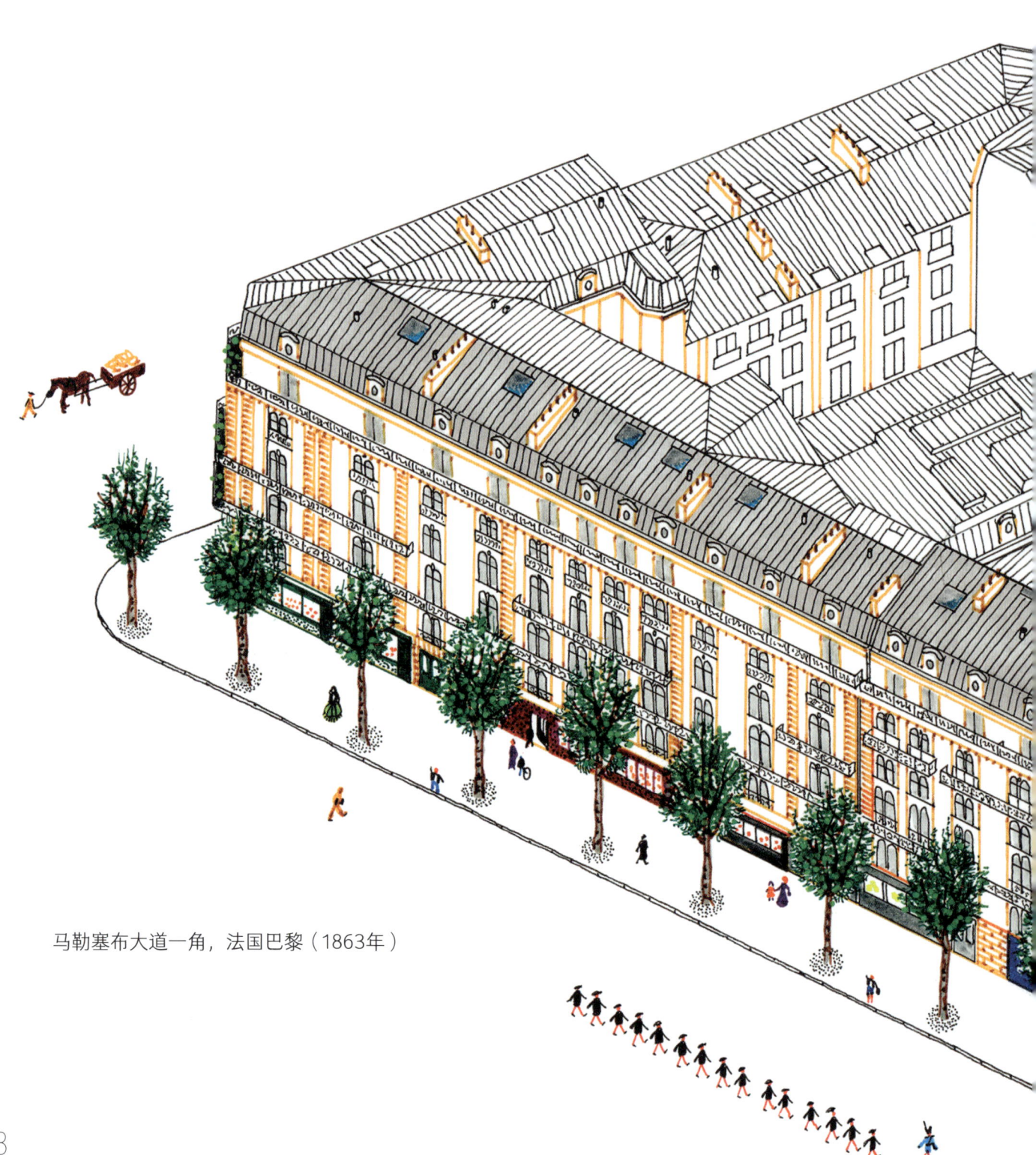

马勒塞布大道一角，法国巴黎（1863年）

奥斯曼上任后，下令推倒了许多脏乱的工人社区，修建起一条条通往巴黎中心方尖碑的宽阔大道，大道两旁绿树成荫，还分布着景色怡人的街心公园。

改建建筑时，奥斯曼坚持采用相同的石材，遵循统一的风格，甚至阳台也要呈现一致的样式……正因为这些极为严苛的要求，改建后的巴黎呈现出了高度和谐的市貌。这样的城市规划方式，让华盛顿、布宜诺斯艾利斯等诸多国际大都市都深受启发。

蓬皮杜中心，
新时代的映射

在严格的奥斯曼城市规划实施一个世纪后，巴黎修建起了一座极具现代感、未来感、科技感的艺术博物馆——蓬皮杜中心。它有着鲜艳的配色，运用了大量透明材质和钢铁，看上去就像是一个机器人或是一件大玩具。这座由两位年轻设计师伦佐·皮亚诺、理查德·罗杰斯创造出的建筑掀起了一阵颠覆性的美学风潮，成为一个自由开放的新时代的映射。

现在，蓬皮杜中心已是法国最重要的公共艺术空间之一，不仅是陈列现代艺术作品的绝佳场所，也是年轻人的聚集地。

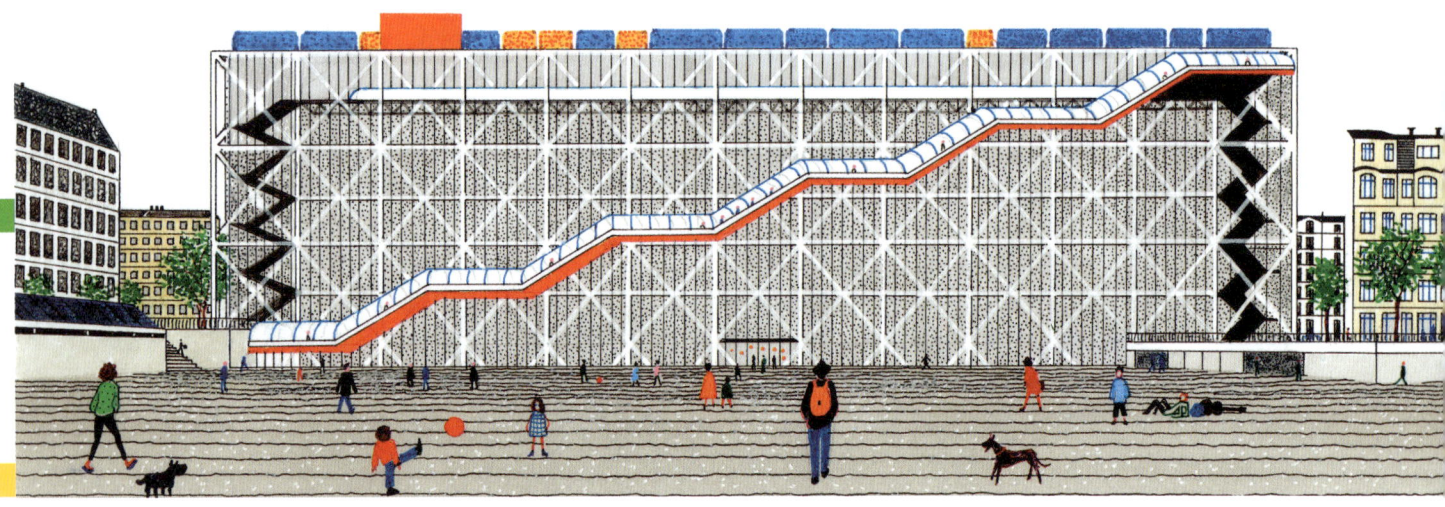

蓬皮杜中心，法国巴黎（1977年）
建筑设计师：伦佐·皮亚诺、理查德·罗杰斯

古根海姆博物馆，西班牙毕尔巴鄂（1997年）
建筑设计师：弗兰克·盖里

古根海姆博物馆，
让城市重新繁盛

西班牙海港城市毕尔巴鄂原本以工业为支撑，日渐萧条。20世纪80年代，受当地政府邀请，建筑设计师弗兰克·盖里开始设计修建古根海姆博物馆。这座造型独特的建筑物吸引了众多游客，让毕尔巴鄂成功转型为旅游型城市，从此重新繁盛起来。

水镜广场，
以"新"照"旧"

在波尔多的加龙河畔，建筑设计师米歇尔·科拉茹沿着堤岸打造了一条美丽的长廊，原先的停车区被改造成一面盈满水的"镜子"，从中映射出河畔18世纪老建筑的美丽倒影。

水镜广场，法国波尔多（2006年）
建筑设计师：米歇尔·科拉茹

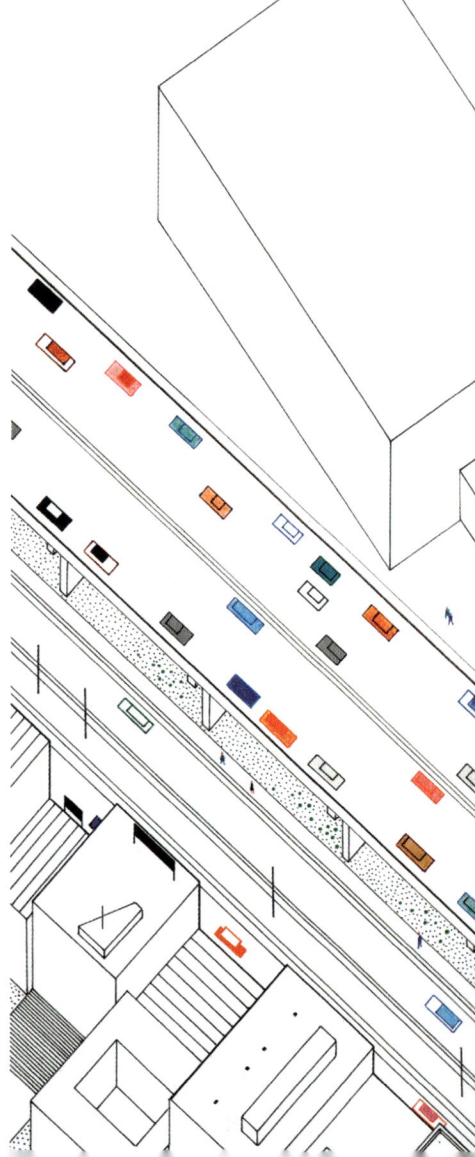

透明三角塔，法国巴黎（未完成）
建筑设计师：雅克·赫尔佐格、皮埃尔·德梅隆

透明三角塔，
即将崛起的新地标

雅克·赫尔佐格、皮埃尔·德梅隆是两位来自瑞士的建筑设计师，他们十分欣赏奥斯曼城市规划时期的巴黎建筑，梦想能为这座城市修建一个典雅、宏伟的新地标。他们于郊区设计建造了一座三棱柱型的建筑，共42层、180米高，商住两用，外墙都采用水晶般的透明玻璃，预计近年动工。

这座三角塔将被高速公路与立交桥环绕，车上的人们远远就能望见它——它将是一个宣告"巴黎就在前方"的美丽信号。

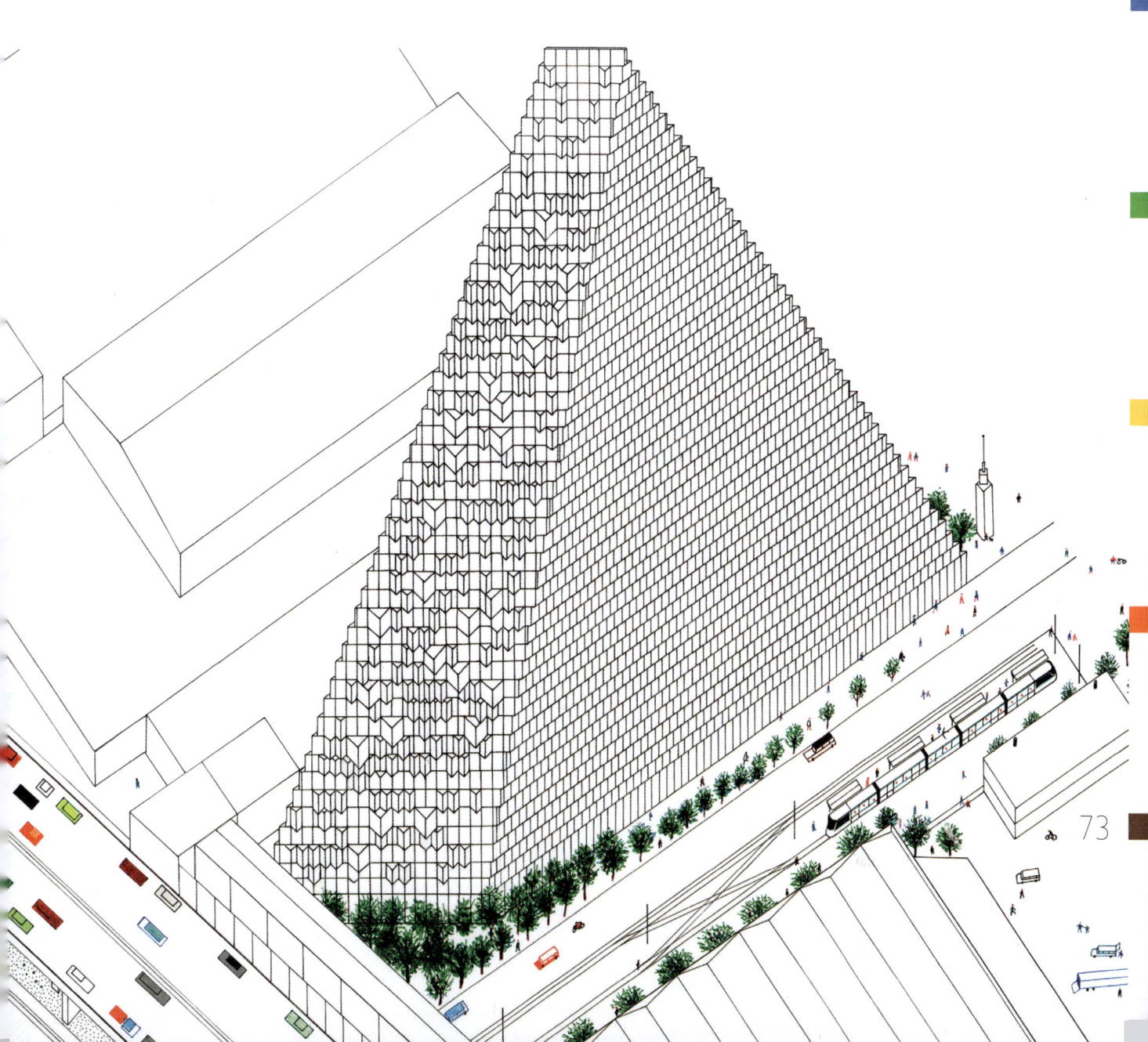

伊夫里移民接待中心，
让疲惫的身心休憩片刻

2017年，建筑设计师瓦伦丁·吉沙尔达受慈善团体的邀请，在巴黎郊区的小镇塞纳河畔伊夫里（简称"伊夫里"）为移民修建一个接待中心。

这里的建筑都建立在废弃的过滤池高架上，有可供家庭或单身女性居住的房间，还设有学校、社区服务和医疗服务场所。所有建筑以广场为中心，广场上分布着一个个蒙古包形状的食堂，还有一片公共菜园。

接待中心虽然不是长久住所，但对于舟车劳顿的移民来说，有一个能够休憩片刻的落脚处已很幸福。

城市是人们欢聚的地方!

城市的本质是什么?

在我看来,

城市就是一个让人们欢聚在一起,

共享美好时光的地方。

你觉得呢?

儿童游戏广场，让笑声填满空地

建筑设计师阿尔多·凡·艾克在阿姆斯特丹的空地上为孩子们修建了大大小小的游戏广场。这些空地原本是二战的"遗留物"，如今被孩子们的欢声笑语填满。

不同材料拼接成的步道、造型简洁但耐玩的器材、大型沙池……一系列精心设计的游戏设施，能让每个孩子都玩得不亦乐乎。

高线公园，来一次长长的空中散步

曼哈顿西南部的高线公园自2009年开放以来就成为纽约人最爱的散步去处。这原本是一条废弃的高架铁路，在当地社会组织的坚持下，被保留并改造成了一座长长的线型公园。来这里不仅能享受盎然绿意，从高处往下望，还能饱览哈德逊河的沿岸风光。

善德街儿童游戏广场，荷兰阿姆斯特丹（1958年）
建筑设计师：阿尔多·凡·艾克
广场壁画绘者：约斯特·范鲁珍

LX工厂，
适合狂欢的废弃之地

里斯本特茹河岸一座废弃的纺织厂如今已成为备受欢迎的创意文化街区。除了有诸多餐厅、烹饪坊、艺术工作室、时装店，这里还有一家规模在欧洲数一数二的书店。著名艺术家德隆在一整面墙壁上绘制了流行明星的巨幅画像，使这里前卫、浓郁的艺术气息愈加凸显。如今，许多狂欢节、音乐会都在这里举行，人们整夜欢庆，享受焕然一新的生活。

LX工厂，葡萄牙里斯本（2008年）

献给雨果和马克桑斯

——迪迪埃·科尔尼耶